区域生态与环境过程系列丛书

区域土地覆被与热环境
效应的格局及响应

徐迪　高峻　付梅臣　著

科 学 出 版 社

北 京

内 容 简 介

目前,世界上大多数发展中国家正在经历快速的城市化和工业化。在过去的 20 年里,快速的城市化过程引起了土地利用/土地覆被和土地景观结构的巨大变化,造成了生态和环境质量的下降,威胁到城市区域的可持续发展。其中,城市热环境效应是最突出的环境问题。如何定量分析土地覆被与地表温度的拟合关系,是城市生态环境变化和城市规划的重点问题。本书针对江苏省提出了基于省域尺度探测地表覆被变化的新方法,反演南京地表温度的时空变化过程,分别从空间维度、时间维度和分形维度上对地表温度的变化进行细致的分析;利用线性回归和地理加权回归的方法拟合地表覆被与地表温度之间的相关关系,并且考虑景观指数、降水和人口因素对地表温度的驱动机制;反演杭州湾地区生态环境的时序变化;定量分析青海湖流域的水域和植被物候变化。本书为推进中国城市化与公共健康研究提供了一个量化关系,以便更好地了解城市扩张对公共健康的影响。

本书适合城市生态遥感领域的研究人员、高等院校相关专业的师生阅读,也可供从事城市规划的相关科技人员参考。

图书在版编目(CIP)数据

区域土地覆被与热环境效应的格局及响应 / 徐迪,高峻,付梅臣著.—北京:科学出版社,2018.1
(区域生态与环境过程系列丛书)
ISBN 978-7-03-055436-9

Ⅰ.①区… Ⅱ.①徐… ②高… ③付… Ⅲ.①城市环境—研究 Ⅳ.①X21

中国版本图书馆 CIP 数据核字(2017)第 283681 号

责任编辑:许 健
责任印制:谭宏宇 / 封面设计:殷 靓

科 学 出 版 社 出版
北京东黄城根北街 16 号
邮政编码:100717
http://www.sciencep.com

南京展望文化发展有限公司排版
虎彩印艺股份有限公司印刷
科学出版社发行 各地新华书店经销

*

2018 年 1 月第 一 版 开本:B5(720×1000)
2018 年 10 月第三次印刷 印张:10
字数:200 000

定价:70.00 元
(如有印装质量问题,我社负责调换)

区域生态与环境过程系列丛书
序言

　　"十八大"以来,党中央高度重视生态文明建设。中共十八届五中全会强调,实现"十三五"时期发展目标,破解发展难题,厚植发展优势,必须牢固树立并切实贯彻创新、协调、绿色、开放、共享的发展理念。同时提出:坚持绿色发展,必须坚持可持续发展,推进美丽中国建设,为全球生态安全做出新贡献。构建科学合理的城市化格局、农业发展格局、生态安全格局、自然岸线格局,推动建立绿色低碳循环发展产业体系。推动低碳循环发展,建设清洁低碳、安全高效的现代能源体系,实施近零碳排放区示范工程。加大环境治理力度,深入实施大气、水、土壤污染防治行动计划,实行省以下环保机构监测监察执法垂直管理制度。筑牢生态安全屏障,坚持保护优先、自然恢复为主,实施山水林田湖生态保护和修复工程,开展大规模国土绿化行动,完善天然林保护制度,开展蓝色海湾整治行动。

　　作为我国经济最发达、城市化速度最快的地区,长江三角洲(简称"长三角")城市群也面临着快速城市化所带来的一系列环境问题。快速城市化的过程常伴随着土地覆被、景观格局的变化而改变了固有下垫面特征,在城市中形成了特有的局地气候,导致城市热岛及极端天气的频繁发生,严重危害人们的生命财产安全。此外,工业化过程所引起的大量化学物质的使用和排放更对区域生态环境造成了莫大的威胁。快速城市化过程中所出现的环境问题,其核心还是没有很好地尊重自然,没有协调人-地关系,没有把可持续发展作为区域发展的最核心问题来对待。因此,我们需要在可持续发展思想的指导下,进一步加强城市生态环境研究,以促进上海及长三角区域的可持续发展。

　　上海师范大学是上海市重点建设的高校,环境科学是上海师范大学重点发展领域之一。1978年,上海师范大学成立环境保护研究室,开展了长江三峡大坝环境影响评价、上海市72个工业小区环境调查、太湖流域环境本底调查和崇明东滩鸟类自然保护区生态环境调查等工作,拥有一批知名的环境保护研究专家。经过三十多年的发展,上海师范大学现在拥有环境工程本科专业、环境科学硕士点专业、环境科学博士点专业和环境科学博士后流动站,设立有杭州湾生态定位观测站等。2013年,上海师范大学为了进一步加强城市生态环境研究,成立城市发展研究院。城市发展研究院将根据国家战略需求和上海社会经济发展要求,秉承"开放、流动、竞争、合作"原则,进一步凝练目标,整合上海师范大学学科优势,以前沿科学问题为导向,以社会需求和国家任务带动学科发展,构建创新型研究平台,开拓新的学科发展方向,建立国际一流的研究团队,加强国际科研合作,更好地为上海建设现代化国际大都市提供智力支撑。城市发展研究院将重点在城市遥感与环境模拟、城市生态与景观过程、城市生态经济耦合分析等领域开展研究工作。通过城市发展研究院的建立,充分发挥上海师范大学在地理、环境和生态等领域的学科优势,将学科发展与上海城市经济建设和社会发展紧密结合,进一步凝练学科专业优势和特色,通过集成多学科力量,提升上海师范大学在城市发展研究中的综合实力,力争使上海师范大学成为我国城市研究的重镇和政府决策咨询的智库。

该丛书集中展现了近年来城市发展研究院中青年科研人员的研究成果,既涵盖了城市污泥资源化的先进技术、新兴污染物的迁移转化机制及科学数据应用于地球科学的挑战,也透过中高分辨率遥感与卫星遥感降水数据,分析极端天气的变化趋势及变化区域,通过反演地表温度,揭示城市化过程中地表温度的时间维、空间维、分形维的格局特征,定量分析了地表温度与土地覆被、景观格局、降水和人口的相关关系。同时从环境变化和区域时空过程的视角,对城市环境系统的要素、结构、功能和协调度进行分析评价,探讨人类活动影响对区域生态安全的影响及其响应机制,促进区域环境的可持续发展。该系列丛书有助于我们对城市化过程中的区域生态、城市污泥资源化、新兴污染物的迁移转化、滑坡灾害防治、景观格局变化、科学数据共享、环境恢复力以及城市热岛效应等方面有更深入的认识,期望为政府及相关部门解决城市化过程中的生态环境问题和制定相关决策提供科学依据,为城市可持续发展提供基础性、前瞻性和战略性的理论及技术支撑。

上海师范大学城市发展研究院院长

院士

2016 年 6 月于上海

前　　言

　　城市化的过程伴随着土地覆被的变化和城市热岛效应的加剧。本书提出综合利用经验正交函数和时序解混的方法，探测江苏省省域尺度的土地覆被变化——植被覆被变化和对应的城市化过程。植被覆被减少的区域主要分布在近郊。该方法在大面积区域上具有快速探测植被变化的特点。

　　在南京市域尺度上，土地覆被变化呈现细节信息。利用线性光谱解混的方法在南京市域尺度上分析土地覆被的变化——不透水面、植被和黑体的时空格局过程。不透水面以中心城区为圆心向外呈扩散状增长，相应区域的植被丰度下降。本书也对植被指数和植被丰度在表征植被的异同上进行线性比较。

　　通过空间维度、时间维度和分形维度等角度对地表温度进行反演，揭示地表温度空间格局与递减规律。2000～2010 年，热岛效应的范围以中心城区为轴心向外扩散，中心城区的热岛强度有所下降和分散。中心城区、近郊、远郊和远郊湖边点的地表温度呈阶梯状递减。分形维度上，进一步反演出南京市内各分区在 11 年间的地表温度数据。

　　本书构建出城市热环境响应因素框架，揭示出土地覆被、景观指数、降水、人口与地表温度的相互关系，将地表温度与土地覆被的不透水面、植被和黑体进行全局的线性回归，分别呈正相关、负相关和负相关的关系，并引入地理加权回归的方法进行空间的局域回归。利用景观指数作为框架，景观多样性越小，景观分离度越小，则地表温度对植被指数呈负相关的关系越明显。地表温度与降水和人口总量均呈正相关关系。

　　土地调控是为了缓解城市热环境效应。本书在对地表温度与土地覆被、景观指数、降水和人口进行定量分析的基础上，归纳热环境形成的机制，提出基于城市热环境对土地调控的思考，主要包括以下几方面：优化城市功能配置；保护并且增加绿地、水体覆被；科学规划城市景观布局，逐步减低建筑容积率；合理规划交通及商业区；调整植被覆被的种类；降低中心城区的人口密度；降低设备能耗，减少空气污染。

　　以杭州湾城市群六个主要城市的市辖区范围作为典型案例，从其城市土地覆被、夜间灯光、植被净生产力、气溶胶光学厚度等角度进行空间分析。从城市空间的角度对多个城市生态展开研究，有助于深入理解快速城市化过程对区域环境影响的普遍规律，有利于在未来城市建设中更好地从宏观上把握和协调城市发展与区域环境之间的关系，同时也为区域生态基础设施规划提供基础依据。

青海湖流域是对气候变化和地表温度变化敏感的区域,研究 1992～2015 年的青海湖流域水量变化规律;研究 2000～2015 年的植被物候变化;反演植被物候与气候变化的关系;解释青海湖流域生态变化的主要驱动因素。因此,本书将有助于提高人们对青海湖变化的认识以及植被物候与驱动因素的联系。

为了推进中国城市化与公共健康研究,本书提供一个量化关系,以了解城市扩张对公共健康的影响。首先,使用夜光数据作为统计城市化程度的定量基础。其次,回归关系提供可能受城市化影响的公共健康关键问题的统计学观点,如出生率、死亡率、自然增长率、健康指数、癌症发生率和地表温度。最后,讨论并总结改善公共健康的政策。

本书适用于城市生态遥感的研究人员、高等院校相关专业的师生,也可供从事城市规划的相关科技人员参考。本书得以完成,除了要感谢诸多专家学者给予的宝贵建议,还要感谢国家自然科学基金重点项目(41730642)、国家青年科学基金(41701388)、科技部国家重点研发计划(2016YFC0502706)、上海师范大学科研项目(SK201614)和上海高校高峰高原学科建设计划的支持与资助。由于作者水平有限,虽尽最大努力,但书中仍难免有疏漏之处,还望读者不吝指教,批评指正。

徐 迪

2017 年 3 月于上海

目　　录

区域生态与环境过程系列丛书序言
前言

第1章　绪论 ……………………………………………………………… 1
　1.1　研究背景 ………………………………………………………… 1
　1.2　国内外研究现状 ………………………………………………… 3
　　1.2.1　城市热岛研究综述 ……………………………………… 3
　　1.2.2　土地覆被变化研究综述 ………………………………… 7
　　1.2.3　地表温度反演方法综述 ………………………………… 8
　1.3　研究内容 ………………………………………………………… 10
　1.4　研究方法 ………………………………………………………… 11
第2章　基于省域尺度的土地覆被变化探测 ………………………… 13
　2.1　研究区与数据 …………………………………………………… 13
　2.2　尺度的影响 ……………………………………………………… 15
　2.3　基于经验正交函数和时序解混的植被覆被变化探测 ……… 16
　　2.3.1　经验正交函数方法 ……………………………………… 16
　　2.3.2　经验正交函数植被退化应用 …………………………… 20
　　2.3.3　时序解混方法 …………………………………………… 23
　2.4　基于线性光谱解混的植被变化精度验证 …………………… 27
　2.5　基于夜间灯光的城市格局变化 ……………………………… 29
　2.6　小结 ……………………………………………………………… 30
第3章　基于市域尺度的土地覆被时空格局 ………………………… 32
　3.1　混合像元分解方法及端元的选取 …………………………… 32
　　3.1.1　线性光谱解混 …………………………………………… 32
　　3.1.2　图像的维度 ……………………………………………… 33
　　3.1.3　端元的光谱波段 ………………………………………… 34
　　3.1.4　丰度的估计 ……………………………………………… 35
　3.2　南京不透水面的提取与格局分析 …………………………… 36
　3.3　基于混合像元分解的植被丰度分析 ………………………… 38
　3.4　黑体丰度提取 …………………………………………………… 40

3.5 基于植被指数的植被空间分析 …………………………………… 41

3.6 小结 ……………………………………………………………… 44

第4章 城市热环境格局 …………………………………………………… 45

4.1 地表温度的反演方法 ……………………………………………… 45

4.2 地表温度的时空演变 ……………………………………………… 48

4.2.1 空间维地表温度 ……………………………………………… 48

4.2.2 时间维地表温度 ……………………………………………… 54

4.2.3 分形维地表温度 ……………………………………………… 57

4.3 小结 ……………………………………………………………… 59

第5章 城市热环境效应响应与调控 ……………………………………… 60

5.1 绿色植被与热环境的响应 ………………………………………… 60

5.2 城市不透水面的热环境效应分析 ………………………………… 63

5.3 黑体的热环境效应 ………………………………………………… 65

5.4 基于地理加权回归的地表温度与SVD拟合 …………………… 66

5.4.1 地理加权回归方法 …………………………………………… 66

5.4.2 LST与植被的地理加权回归拟合 …………………………… 68

5.4.3 LST与不透水面的地理加权回归拟合 ……………………… 69

5.4.4 LST与黑体的地理加权回归拟合 …………………………… 70

5.5 土地景观格局与热环境效应 ……………………………………… 71

5.5.1 土地利用景观分类 …………………………………………… 71

5.5.2 景观指数的选择 ……………………………………………… 72

5.5.3 景观格局下LST与EVI的拟合 ……………………………… 74

5.6 人口分布与热环境关系 …………………………………………… 76

5.7 热环境效应与降水 ………………………………………………… 77

5.7.1 热效应对月降水量的回归关系 ……………………………… 79

5.7.2 月降水量对热效应的回归关系 ……………………………… 80

5.8 改善城市热环境的政策建议 ……………………………………… 82

5.8.1 热环境形成机制分析 ………………………………………… 82

5.8.2 改善城市热环境的对策思考 ………………………………… 83

5.8.3 研究展望 ……………………………………………………… 85

5.9 小结 ……………………………………………………………… 86

第6章 城市化进程下环杭州湾城市群生态环境变化 …………………… 87

6.1 环杭州湾城市群介绍 ……………………………………………… 88

6.2 数据来源 …………………………………………………………… 88

6.3 方法 ……………………………………………………………… 89

　　　6.3.1 气溶胶光学厚度 ………………………………………… 89

　　　6.3.2 植被净初级生产力 …………………………………… 90

　6.4 研究结果 …………………………………………………… 92

　6.5 小结 ……………………………………………………… 102

第7章 气候变化背景下的青海湖流域生态效应 ……………… 103

　7.1 青海湖流域研究区介绍 ………………………………… 105

　7.2 数据源 …………………………………………………… 106

　　　7.2.1 Landsat ……………………………………………… 106

　　　7.2.2 Landsat 分类 ……………………………………… 106

　　　7.2.3 MODIS NDWI ……………………………………… 106

　　　7.2.4 MODIS NDVI ……………………………………… 107

　7.3 研究方法 ………………………………………………… 107

　　　7.3.1 决策树分类 ………………………………………… 107

　　　7.3.2 NDWI ………………………………………………… 108

　　　7.3.3 植被物候提取 ……………………………………… 109

　7.4 研究结果 ………………………………………………… 110

　7.5 研究结论 ………………………………………………… 119

　7.6 小结 ……………………………………………………… 119

第8章 中国城市化对公共健康的影响 ………………………… 120

　8.1 研究区介绍 ……………………………………………… 121

　8.2 数据来源 ………………………………………………… 121

　8.3 研究方法 ………………………………………………… 122

　　　8.3.1 夜间数据的校正 …………………………………… 122

　　　8.3.2 主成分分析 ………………………………………… 122

　　　8.3.3 夜间灯光城市阈值 ………………………………… 123

　8.4 研究结果 ………………………………………………… 125

　8.5 讨论 ……………………………………………………… 129

　8.6 结论 ……………………………………………………… 130

参考文献 ………………………………………………………… 132

第1章 绪 论

1.1 研 究 背 景

Science 在 2015 年提出的科学重点问题中有两个涉及热岛效应,一个是热岛效应究竟使地球升温到多高? 二是生态系统对热岛效应的响应。目前,世界上大多数的发展中国家正在经历快速的城市化和工业化。在过去的 20 余年,快速的城市化过程引起了土地利用/土地覆被和土地景观结构的巨大变化。土地利用结构的变化造成了生态和环境质量的下降,威胁到城市区域的可持续发展。其中,城市热环境效应是最突出的环境问题(Hage,2003;Xian and Crane,2006)。城市热岛效应对于生活在城市的居民有非常严重的影响,包括极端热天气、沙尘暴和季节性的传染病。目前的研究集中于定量分析加剧热岛效应的影响因素,并提出解决热环境效应的策略和战略(House-Peters and Chang,2011;Kardinal Jusuf et al.,2007;Lo and Quattrochi,2003;Saaroni et al.,2000;Streutker,2002;Zhou et al.,2011)。

由于城市下垫面自身的物理性质,加之强烈的人类活动的影响,相对于乡村地区,城市区域内部热量聚集,从而形成显著的高温热环境。英国学者 Lake Howard 于 19 世纪提出"城市热岛"用于描述此类现象。通常,城市热岛效应是指城市气温比郊区和周围乡村地区高,造成了城乡之间出现温度的分布差异。从严格意义上来讲,气象学上的"城市热岛",应成为城市大气热岛。按照城市大气的分层结构,城市大气热岛又分为城市覆盖冠层热岛与城市边界层热岛。其中,城市覆盖冠层热岛产生于从城市地表到平均建筑高度的范围内,而城市边界层热岛产生于城市冠层之上,同时也始终受城市地表的影响。

城市是一个复杂的巨系统。从本质上来讲,城市热岛效应可理解为一种四维的城市气候现象。城市空间热环境包含两种层次的含义:首先,在城市内部微观尺度的二维与三维空间上形成的热环境;其次,城区、郊区与周边乡村在区域尺度的二维与三维空间上形成的热环境。人们详细记录了城市周边乡村地区温度差异的演变。在美国,城镇化对最低温度变化影响最大。夏日的较高温度影响了空调能量消耗。随着城市与其周边地区之间建立了热循环,城市热岛效应可能增加城市的多云天气与降水。

城市比乡村更热的原因在于两个地区获得和散失能量的方式不同。导致城市相对高温的因素有多种(梁顺林,2010)。乡村的白天,近地面吸收的太阳能使水分从植物和土壤中蒸腾出来，可以在某种程度上通过蒸腾制冷来补偿吸收的太阳能。在城市，建筑物、街道和人行道吸收了所获取的大部分太阳能。相对于乡村，城市的水较少，水分流失多，这样蒸腾制冷量少，气温易升高。从城市建筑、汽车、火车中散发出来的无用热量是城市变暖的另一个因素。这些物体产生的热量最终会进入空气中。建筑物的热特性也给空气传导了更多的热量。和乡村的植被相比，焦油、沥青、砖和混凝土是更好的热导体。高建筑物所形成的"峡谷"结构促进了升温。在白天，太阳能经过建筑物的多次反射滞留在城市内部。热岛效应的影响可以因天气状况而削弱。风同样可以导致城市及其周边地区的温度差异。强劲的风可以混合城市和乡村的空气，降低两者的气温差异。

城市热环境是城市环境中的热力场存在的表征，地表温度只是一个表现形式。同时热岛效应还与能源的释放、不透水面的分布、植被水体的多少和空气污染等多种因素相关，它是多种因素共同作用的结果。城市地表温度是城市环境的另一种反映，可以揭示城市可持续发展过程中存在城市空间结构的问题。定量分析影响因子对城市地表温度的影响，揭示影响因子的空间分布和作用程度，提高人们对城市热环境的认识，是实现可持续发展的重要环节。城市地表下垫面的变化和日益增加的人为热的排放是加剧热岛效应的重要原因。其中，地表下垫面物理性质的改变是最为首要的因子。遥感技术的发展使得大面积区域上分析地表温度成为可能。通过遥感数据反演，可以看到地表温度的时空演变过程，以及不同下垫面的改变对地表温度的影响。定量研究下垫面和地表温度的时空变化过程，有利于进一步定量研究影响因子对地表温度的影响程度，从而为城市规划、土地利用调控和城市的生态环境建设提供理论依据（杜培军等，2013）。

Small 提出的不透水面—植被—黑体（substrate-vegetation-dark，SVD）模型基于城市景观遥感的光谱特征，具有明确的物理意义（Small，2001a）。植被覆盖度作为陆地表面过程的重要参数，广泛存在于城市气候变化、城市热岛效应的研究中（Gallo et al.，1995；Lu and Weng，2006；Owen et al.，1998）。不透水面是城市地表的重要组成部分，城市景观的异质性导致混合像元大量存在。而线性光谱解混模型可以很好地估算出不透水面的地表覆盖度（Rashed et al.，2003；Wu，2004）。城市化过程中导致的土地覆被变化，使不透水面取代了植被和裸土，对于地面辐射收支及能量平衡产生了巨大的效应（Gallo et al.，1993；Roth et al.，1989）。随着发展中国家城市化过程的加快，越来越多的研究集中于估算城市下垫面的物理生理特性，并分析城市地表温度与土地覆被及其他变量的相应关系。早期，大量的研究集中于植被变化与地表温度的关系上（Aniello et al.，1995；Quattrochi and Ridd，1998）。之后的研究尝试探索城市功能区，如工业区、商业区和居民区，利用地表覆被参数与地表温度间的关系寻求合理的土地规划与城市规划策略。

城市景观是自然因素、生物因素和人文活动综合作用的结果（陈文波等，

2003)。城市景观关于城市化过程和生态效应研究的首要任务是剖析城市景观的格局规律,了解城市景观格局与其他变量之间的互动关系(陈利项和傅伯杰,1996)。城市景观被认为与热环境效应是有相关关系的(Stone,2009)。景观指数提供的是关于面积、比例和不同土地覆被空间分布的综合性指标。在研究中经常使用的指标包括景观百分比、平均斑块大小、分布聚合性指数、斑块结合度指数、蔓延度指数和多样性指数等(Cao et al.,2010;Connors et al.,2013;Sun et al.,2012)。但是关注景观指数与热环境效应的关系的研究还比较少。目前关于景观指数和热环境效应的定量关系研究也比较少。因此,有必要进一步定量分析其相关关系,有助于利用景观学服务于城市规划。

总之,城市热环境是目前全球与区域气候变化研究中的热点问题,也是近年来遥感应用的主要领域之一。开展城市热环境空间格局的研究,并且对其驱动因素、驱动机制及不确定性加以分析探索,具有重要的理论价值和现实意义。

1.2　国内外研究现状

1.2.1　城市热岛研究综述

城市热岛效应的主要特征为城市中心区域的温度整体高于郊区的温度。最早的热岛效应研究是由 Luke Howard 在 1833 年提出的。他曾经对比伦敦市区和郊区的温度记录,发现了伦敦城市中心的气温高于四周郊区,即现在所研究的热环境效应。

Weng 指出城市热环境研究的主要内容包括:城市地表温度的反演与城市热岛空间格局变化;城市土地覆盖的变化,特别是城市不透水面和城市植被的分布格局变化;城市地表温度与城市土地覆盖和其他影响因子之间的相互关系;城市热环境效应与城市生态环境的影响;城市热环境的模拟与预测(Weng,2009)。

在城市地表温度反演与城市热岛空间格局变化研究上,目前,用于地表温度(land surface temperature,LST)反演的遥感数据源主要有 NOAA - AVHRR、MODIS、Landsat TM/ETM、ASTER 等。Rao(1972)第一个通过分析卫星所获得的热数据来确定城市区域。通过 AVHRR 的热数据,检测了城市地表与乡村地表的温度差值。Price(1979)通过利用热容量成像卫星(HCMM)提供的数据(10.5~12.5 μm),估算出了美国东北部城市的地表热量的强度和范围。Roth 等(1989)利用 AVHRR 的热数据,分析研究了北美西海岸几个城镇的热岛效应强度(Roth et al.,1989)。Qin 等针对 NOAA - AVHRR 数据提出了一种两因素劈窗算法模型。基于 NOAA - AVHRR 反演算法,修改得到 MODIS 的地表温度反演算法(Qin et al.,2001)。针对 Landsat TM/ETM,Qin 等提出了常用的单窗算法(Qin

et al.，2001)。Mao 等针对 ASTER 数据反演地表温度的方法，并用神经网络进行
了优化(Mao et al.，2008)。

在地表温度时空结构的相关分析中，Roth 等得出，城乡之间最高温差是在夜
晚观测得到的，而二者之间表面辐射温度的最大差异则是在中午观测得到的(Roth
et al.，1989)。与植被较少的城市地区相比，乡村具有空间分布范围广泛的植被，
植被的蒸腾作用使土壤和地表结构中储存的热量减少(Carnahan and Larson，
1990)。Gallo 和 Owen 把地面台站测量的最低、最高和平均空气温度的城乡差异
与卫星利用 AVHRR 估计的 NDVI 和地面辐射温度进行月和季节的比较，来纠正
城市热岛的偏差。结果得出，空气温度的城乡差异与 NDVI 和地面温度的城乡差
异线性相关。因此利用卫星数据有利于形成分析热岛效应的全球统一方法(Gallo
and Owen,1999)。Streutker(2002)利用 AVHRR 数据反演得到了两年内德克萨
斯休斯敦的表面辐射温度图。在平坦的乡村背景上叠加模拟的城市热岛，没有利
用实地测量而是模拟描述热岛效应的强度，并确定了热岛的程度和空间分布范围
之间的相关关系，结果得出，热岛的程度与乡村的温度呈负相关，空间范围与热岛
效应的强度及乡村温度之间相互独立。城乡植被密度差异将会成为分析城乡地区
最低气温差别的重要指标，利用遥感数据得到的植被指数可以估算叶面积量和其
他农业变化，成为研究与地表温度关系的重要变量(张佳华等，2005)。Li 等在
2012 年基于 1997～2008 年的 Landsat TM/ETM 数据反演出上海热环境效应空
间分布从市区中心向郊区的逐步扩张，同时得出，城郊地表温差值在夏季达到最
大，春季次之，在冬天为最小值，并定量验证地表温度与人口密度和道路密度的关
系。Lee 等 2012 年的研究表明，城市热岛效应与城市的长度和风速相关。城市表
面在白天升温设置为初始温度，在夜间温度下降。在降温过程的最后形成的最小
温差随着城市长度的增加和风速的降低而增加。

在地表温度与城市覆盖分布格局变化上，Weng(2001)利用遥感和地理信息系
统的方法对中国珠江三角洲的地表覆被变化对地表温度的影响进行监测，选用多
时相的 Landsat TM 影像来监测分析土地利用/植被覆被变化，并且利用地理信息
系统的方法预测城市的增长模式。结果表明，研究区的城市呈现出了畸形增长，城
市的发展已使研究区的地表辐射温度上升了 13.01K。Weng 等(2004)的研究结果
表明，地表温度与植被丰度和植物覆盖指数(NDVI)均呈现出负相关关系，但是与
植被丰度的负相关性略强。而 NDVI 数据则容易被叶面积、视场角和土壤背景等
因素值干扰，因此对于定量植被研究不是一个特别理想的指标(Small，2001a)。
Small(2004;2005)的研究结果表明，SVD(substrate-vegetation-dark)三端元可以
解混大于 90% 的混合光谱空间。Small 于 2006 年对比分析了城市反射率和地表
温度的关系，揭示出地表温度与植被丰度呈负相关性;地表温度与不透水面丰度呈
正相关关系，但是最低温度与最高温度随不透水面丰度的变化速率不同;黑体端元

在反射信号中对应的地表信息比较模糊,可以是低反射率的地表,也可以是清澈的水体或者是树的阴影等。Zhang 等(2012)利用 NDVI 数据与地表温度进行拟合,得出了武汉热岛的空间分布,同时证明地表温度与 NDVI 呈负相关,热环境效应在工业和商业区更明显,同时水域和绿色空间能明显降低热岛效应。Su 等(2012)利用地理加权回归得到土地覆被类型(建设用地、水域、水田和其他植被)与地表温度的局域回归关系,得到台湾桃园的预测热岛效应温度为3.17℃,利用全局分析预测为 2.63℃,精度分析结果说明全局回归分析低估了热岛效应的温度,因此低估了热岛效应对于老年人和婴儿等群体的风险。

　　地表温度高的区域对应的 NDVI 一般都较小,中心城市对应较高的地表温度,而 NDVI 高值则产生地表温度低谷效应(刘艳红和郭晋平,2009)。胡姝婧(2011)得出城市的植被与地表温度具有明显的负相关性。徐永明和刘勇洪(2013)通过研究北京地区不透水面面积与热环境效应得出:当不透水面丰度小于 40% 时,地表温度随着不透水面丰度呈指数上升;当不透水面丰度大于 40% 时,两者呈线性缓慢上升。林冬凤和徐涵秋(2013)以厦门作为研究区,发现不透水面面积在 20 年扩展了近 7 倍,回归分析得出城市不透水面与地表温度呈明显的指数正相关关系。水域景观在城市热环境中表现出明显的低温效应,同时面状水域的热环境效应要强于现状河流景观。面状水域随着与热岛中心距离的降低对热环境的影响而增加,同时受周围土地覆被的影响。线状河流景观的宽度与流经区域共同决定了其对城市热环境的影响能力(岳文泽和徐丽华,2013)。

　　在城市热环境与土地覆盖及其他影响因子上,如景观指数、人口、空气污染和降水的研究上,陈云浩等(2004)利用景观生态学的理论研究城市热环境,建立了热环境空间格局与过程的研究方法。该方法的评价指标由分维数、形状指数、景观优势度、破碎度、分离度及多样性等组成,应用该方法对上海的热环境空间格局与动态过程进行了特征分析。Quattrochi 等(2000)提出了一个用于评估城市热景观特征的信息支持系统,可以用来开发和模拟城市热岛效应的模型,在美国已经有四个城市的遥感数据做了应用产品,利用数据调查热岛效应的影响以及采用相关措施可以减轻这种效应。同时,模型的结果也可以用来指导政策制定者和城市规划人员以及公众,告诉他们采取什么样的热岛效应减弱措施比较有效。邹春城等(2014)利用福州市 1989 年和 2001 年的 Landsat 遥感影像数据提取出不透水面,并且基于不透水面百分比计算了斑块密度、景观聚集度指数、最大拼块所占景观面积的比例等景观指数,结果表明,不透水面与地表温度呈正相关,景观指数整体的变化趋势与地表温度的变化趋势相一致。Chen 等(2014)的研究目的是选出有代表性的景观指数进行地表温度的预测,结果表明,景观优势度指标(景观百分比)解释了 56% 的地表温度,景观形状指数解释了 6%～12% 的方差。景观的优势度指标比景观形状指标对于解释地表温度更重要。两者的综合能够更好地预测地表温度。

黄嘉佑等(2004)的研究则是按照人口数将城市分成六类,发现气温与人口数呈正相关的非线性函数,同时人口类型城市的气温变化的主分量与自然变化曲线差值为热环境效应的预测值。张宏利等(2009)通过对西安热岛效应的变化研究得出西安热岛效应与人口数量之间有很强的线性关系,城市发展影响热岛效应的季节变化,表现为春季最大,冬、春次之,夏季最小。Zhang 等 2013 年的研究结果表明,城市的扩展和人口迁移模式为城区内部—郊区—远郊,造成了水体和植被覆被的减少,从而导致城市热岛模式发生变化。

苗曼倩(1990)的研究结果表明:城市热岛效应改变了大气层的稳定结构,使城市湍流扩散交换增强。对于地面源,更多的污染物向上扩散,地面浓度减小。而城市混合层的高度增加和发展会使城市的空气污染物扩散与稀释作用加剧。Jonsson 等(2004)通过分析坦桑尼亚某沿海城市中的空气中悬浮颗粒与气候因子(热岛效应、风速、温度、相对湿度)的相关关系得出,热岛效应与空气悬浮物水平呈正相关,同时风速与悬浮物水平呈负相关。Sarrat 等(2006)的研究结果表明,巴黎夜间和白天的热岛效应影响氮氧化物的水平,城市化面积扩大导致增强的扰动影响污染物的空间分布。李珊珊(2009)研究了 PM0.3、PM0.5、PM1.0、PM3.0 和 PM5.0 与地表温度的关系,发现它们之间的相关性比较弱。研究表明:从温度的变化来看,可吸入颗粒物的个数随着温度的升高反而减少,可能是高温时地面湍流强烈,大气垂直方向输送较大,垂直方向有利于可吸入颗粒物的扩散,因此空气中的可吸入颗粒物个数偏少。

孙继松和舒文军(2007)的研究结果表明,热岛效应对于降水分布的影响,可能是城乡温度梯度与盛行风相互作用的结果。北京在冬季盛行北风气流,在北部,热岛效应强迫产生的边界层下沉运动造成降水天气减少,南部相反。在夏季盛行南风,随着热岛效应增强,南部降水减少,北部降水天气增多。Zhao 等(2014)在 *Nature* 中的研究表明,城市产生的热量是热岛效应的主要原因,而湿润的气候会加剧热岛效应,因为在湿润的气候条件下,城市对流效率明显下降,从而局地增温。

城市生态系统同样具有景观系统的特质(空间异质性、尺度性和复杂性),所以引用景观生态的研究范式:格局—过程—响应,来揭示地表覆被格局变化过程中随之产生的城市生态环境问题。城市景观受到更多的人为因素干扰,与自然系统中的景观生态系统有所区别,但是城市景观是一种高度复合的人工景观系统,而在自然的景观系统中,景观过程更多的是突出生态学过程。然而在城市系统中,生态学过程被干扰,更多的是人为形成的经济活动、社会活动和环境过程等。

基于上述研究成果,本书以城市土地覆被和热环境效应为核心,引入景观生态指数框架和热环境效应的相关影响因子来研究城市生态环境问题。核心思想是从地表下垫面物理性质的分析入手,揭示这种土地覆被格局下,在景观生态指数、降水和人口等因子作用下的热岛效应。揭示不同土地覆被格局下潜在的地表温度的演变过程,可为城市规划、土地利用调控等提供借鉴。

1.2.2　土地覆被变化研究综述

快速城市化进程所导致的城市结构变迁和环境变化,是近年来城市发展过程中主要的问题之一。城市化主要体现在土地利用/覆盖变化与用地规模的快速增长两方面,特别是城郊结合区域的土地利用状况。如何有效和快速地监测城市化进程下的环境变迁,探测城市扩张背景下城市土地利用的动态变化过程,及时有效地获取土地利用现状信息,更新现有土地利用数据库,对于揭示城市演变规律、推进城市土地管理水平的提高与建设和谐的人地可持续发展具有极其重要的现实意义。

从城市环境变化监测的宏观观测维数来看,主要可以分为时间维度和空间维度变化。时间维度的变化揭示出一定时间序列内,城市地表结构随着时间演变的趋势和特点。时间序列可以为几年甚至几十年,也可以短至一个月甚至几天、几小时,主要取决于所能获取的数据时间间隔。对于较长时间序列的观测,可以获知地表地物在长期演变下的趋势,如荒漠化、湖泊监测等;对于短时间的影像序列,可以重点监测在局部时段内的细微变化,如植被季节转换、重点工程监测等。空间维度的变化表现为在时间作用下,城市地表在空间上的迁移和变化,如几十年间土地变化的趋势和方向,以及城市群在发展过程中的空间布局的联系和改变等。从遥感土地覆被变化监测的遥感技术手段来看,大致可分为:基于变化监测技术;基于土地覆盖遥感分析;基于城市不透水面的分析;基于景观格局的监测与分析;其他方法。

随着遥感技术的发展,不透水面的提取技术得到广泛关注。国外的研究起步较早。美国等国家利用不透水面技术带来的环境影响,建立了适当的经验回归模型,用以指导土地利用规划。基于 SPOT 的 HRV 图像,Deguchi 和 Sugio(1994)利用图像聚类算法得到了不透水面区域,但是效果不是很好。Carlson 和 Arthur(2000)根据植被覆盖度与不透水面的关系,提取了城市建成区不透水面的信息。Small(2001a)采用了三端元的线性光谱混合模型解算得到了城市植被覆盖度的分布。Bauer 等(2002)将 Landsat TM 分类影像和高分辨率的航空照片结合,提取出不透水面,并评价了不透水面的提取精度。Lu 和 Weng 等(2004)提出的亚像元分类方法,可以定量地提取不透水面覆盖率,并验证了不透水面、土壤、阴影和绿色植被是光谱混合分解的有效端元单元。Hu 和 Weng(2009)采用多层感知器神经网络和自组织映射神经网络模型,针对中等分辨率的遥感影像提取了不透水面并进行了精度验证。

我国对于不透水面的研究相对较晚。林云杉等(2007)利用不透水面与植被覆盖率的关系提取了不透水面。周纪等(2007)运用线性光谱混合分解方法,并给予光谱相似性的端元优化提取,估算了北京市地表不透水面覆盖率。廖明生等(2007)将 Boosting 技术加入传统运用分类与回归树方法的不透水面估算中,表明该方法估算精度较传统的方法要高。李俊杰等(2008)利用多端元的光谱混合分析方法,从两个时相的 TM 影像中提取出了不透水面比例,并进行了城市扩展分析。朱艾莉和吕成文(2010)总结了近年来城市不透水面的遥感提取方法,主要有人工解译法、指数模型法、线性光谱混合分析法、决策树分析法、人工神经网络分类法和面向对象法。高志宏等(2010)运用 CART 方法提取不透水面,并基于不透水面制图结果对城市土地利用覆盖进行变化监测。邱建壮等(2011)运用分类回归树方法提取出了不透水面,并与提取的城市地表温度进行综合分析。

　　本书研究的核心内容是分析土地覆被格局所对应的地表温度状况、两者之间的关系以及相互作用的动态机制。此外,尺度因素是景观生态学中的一个基础,因此科学的研究必须建立在一个合适的尺度之上。这样,本书要解决的问题可以归纳为:对于一个受到人类活动强干扰下的城市生态环境系统,从格局入手,综合考虑土地覆被和热环境的过程,探讨不同土地覆被类型及其空间格局的差异对潜在热环境的时空演变特征的影响和作用机制,以及相关影响因素对热环境的效应机制。

1.2.3　地表温度反演方法综述

　　热量通过电磁辐射、热传导和对流在物体间传输与传递。所有的物质,只要其温度超过绝对零度,就会不断发射具有一定能量的电磁波,其辐射能量的强度和波谱分布与物质的表面状态有关。由基尔霍夫定律可得,物体的吸收能力越强,其发射能力越强。由物体的发射率就可以测量物体发出的能量,从而计算物体的温度。通常,从热红外波段获得的是地物的亮度温度,但是在热红外遥感应用研究中,需要的是地表的真实温度(Chakraborty et al.,2015)。目前,用于地表温度反演的遥感数据源主要有 NOAA - AVHRR、ASTER、MODIS、Landsat TM/ETM。地表温度反演的算法众多,但是每一种具体的算法都是针对特定的数据的。按照反演过程中所用的波段数来分,主要有四种方法:① 射传输方程法;② 单通道算法;③ 双通道算法;④ 多通道算法等。

　　宏观尺度上较大范围的地表温度反演一般用 1 000 m 分辨率的遥感影像。NOAA - AVHRR 有 5 个波段,其中第 4 波段(波长 10.3～11.3 μm)和第 5 波段(波长 11.5～12.5 μm)是热红外波段,星下点分辨率 1.1 km,有效成像周期为 6 天。MODIS 含有 36 个波段,第 31 波段(波长 10.78～11.28 μm)和第 32 波段(波长 11.77～12.27 μm)是热红外波段,空间分辨率为 1 000 m,成像周期为 1 天。1993 年,Gallo 等利用 NOAA/AAVHRR 第 4、5 通道数据计算地表辐射温度,首次通过植被指数研究了地表温度与植被指数之间的关系,表明城乡地表温度与植被指数存在明显线性关系。

中观尺度上对城市、区域地表温度进行反演,通常使用分辨率为 100 m 左右的热红外遥感影像。ASTER 的第 10～14 波段是高分辨率的热红外波段,空间分辨率为 90 m,时间分辨率为 15 天。Landsat TM 第 6 波段(波长 10.4～12.5 μm)为热红外波段,空间分辨率 120 m。Landsat ETM+第 6 波段(波长 10.4～12.5 μm)为热红外波段,空间分辨率 60 m。MODIS 为全球和区域的动态监测提供了丰富的数据源(Shamir and Georgakakos,2014)。MODIS 数据具有更高的光谱分辨率和时间分辨率,因而更适用于中大尺度的区域动态变化监测研究(André et al.,2015)。而 Landsat TM/ETM+、ASTER、CBERS、HJ-1B 的热红外波段适合城市和小区域的地表热量空间差异分析(Weng et al.,2014;杜培军等,2013)。Aniello 等(1995)利用 Landsat TM 资料研究了城市表面温度和植被覆被的相关关系,得出小城镇热岛的产生与土地覆被变化是紧密相关的,以不透水面为主的商业区和住宅区取代了高植被覆盖区是热岛效应产生的重要原因。

辐射传输方程法是最基本的地表温度反演方法。此算法根据大气辐射传输模型,利用实时的大气探空数据,计算得出大气对于地表热辐射的干扰,包括热辐射传导中大气吸收作用、大气上行辐射和大气下行辐射。然后将卫星观测到的总辐射减掉这些大气影响,即为地表热辐射强度。最后根据地表比辐射率修订成地表真实温度。Sobrino 等(2004)利用辐射传输方程比较准确地得到了地表温度,并且将该方法与另外两种地表温度反演方法进行了对比。

Kahle 等(1980)在大气参数条件已知的情况下,假设比辐射率为常数,提出了一种单通道反演算法。但是由于假设的条件太多,精度无法得到保证。Qin 等(2001)针对 TM6 热红外波段提出了单窗算法。单窗算法基于辐射传输方程,仅利用 3 个参数,即有效大气平均作用温度、地表比辐射率和大气透过率,就可以基于一个热红外波段的遥感数据反演得到地表温度。同时,Qin 等在缺少大气实时探空数据的条件下,提出了对大气透过率和有效大气平均作用温度进行估计的有效方法。

双通道算法主要是针对 NOAA-AVHRR 数据的两个热红外波段提出来的,其主要思想是通过两个通道对水汽和比辐射率的差异来单独建立方程,通过解方程组反演地表温度。覃志豪等(2001)把主要的双通道算法归纳为四种类型:简单算法、辐射率模型、两因素模型和复杂模型。

多通道算法是利用多个热红外波段来反演地表温度。Wan 和 Li(1997)针对 MODIS 的数据提出一个 7 波段反演算法。该算法最大优点是能够同时反演地表温度和比辐射率,但需要建立 14 个方程,同时需要昼夜遥感影像资料,操作起来比较复杂。

1.3 研 究 内 容

城市热岛效应被认为是 21 世纪人类面临的由城市化和工业化发展产生的最主要的问题(Memon et al.，2008)。城市热岛效应几乎发生在各个维度上的大城市中，城市热岛的影响包括降低城市人居环境质量、增加能量消耗、增加地表层臭氧(Rosenfeld et al.，1998)，甚至增加人口死亡率(Changnon et al.，1996)。同时还会影响其他的城市气候效应，包括大气污染扩张、降水空间分布和植被物候期的变化。城市占地球表面积的 2%，但是消耗了全球 75%的能量(Gago et al.，2013)。因此，研究热岛变化规律并制定合理的战略治理城市热环境效应，是学术界研究的重点，也是理解全球变化区域响应的指标之一。

近年来，国际上对于城市热环境的研究给予了高度关注。美国国家航空航天局(NASA)和美国国家环境保护局(EPA)的项目"Urban Heat Island Pilot Project"，对洛杉矶、芝加哥、盐湖城和巴吞鲁日等城市，综合地面观测数据与遥感监测方法研究热岛的变化。京东、香港等大都市也针对缓解城市热岛效应展开相关研究(Giridharan et al.，2004；Takahashi et al.，2004)。中国在 2006 年国务院公布的《国家中长期科学与技术发展规划纲要(2006—2020 年)》中，提出将"城市热岛效应形成机制与人工调控技术"作为研究重点。因此，城市热环境效应的变化格局过程规律和响应机制，对于改善城市环境、制定土地利用规划政策、优化土地调控和合理规划城市发展具有重要的现实意义，同时对于研究区域的城市生态及全球的气候变化也具有重要的理论意义。

研究表明：城市热环境受到气候背景与下垫面的综合影响(周纪，2010)。城市热岛的出现，一方面是自然条件的原因。例如，由城市地形地貌特点和气候特点导致的热量聚集，容易造成热岛效应。但另一方面，更重要的原因是人为造成的自然下垫面的改变。例如，城市扩张，或者城市大量的工业和居住、商业活动排放出的人为热，从而造成城市长期处于热量充裕状态(陈云浩等，2014)。城市热环境效应的改善可以通过介质——土地利用规划的调控来优化，并同时探讨城市热环境的其他驱动力的影响。

(1)土地覆被的格局变化过程。

本书首先基于江苏省域的尺度，利用经验正交函数和时序解混的方法探测土地覆被变化——城市扩张和植被退化的空间格局变化。然后，基于南京市域的尺度，利用线性光谱解混的方法反演地表覆被的物理特性，利用 Landsat 数据基于全球 100 景精度验证得到的端元结果(Small and Milesi，2013)，进行混合像元光谱解混，定量分析端元植被、不透水面和黑体的空间格局。

（2）地表热环境的时空演变规律。

反演了城市热环境的时空变化过程，并分别从空间维度、时间维度和分形维度对城市热环境进行了细致的剖析。

（3）热环境效应与土地覆被及影响因素的响应机制。

定量探讨了植被覆被、不透水面和黑体与热环境的相关关系，并且从景观指数的角度分析植被指数与热环境效应的响应关系，最后定量分析了人口、降水对热环境驱动效应和热环境效应对人口、降水的影响。

（4）城市热环境效应与土地利用的调控。

结合地表覆被与地表温度的格局变化过程，综合考虑城市热环境各种影响因素，通过土地利用/土地覆被的调控与优化，改善城市热环境，缓解城市热岛效应，调整城市内部的人为活动方式。

以杭州湾城市群六个主要城市的市辖区范围作为典型案例，对其城市土地覆被、夜间灯光、植被净生产力、气溶胶光学厚度等进行了空间分析。从城市空间的角度对多个城市生态展开研究，有助于深入理解快速城市化过程对区域环境影响的普遍规律，有利于在未来城市建设中更好地从宏观上把握和协调城市发展与区域环境之间的关系，同时也为区域生态基础设施规划提供基础依据。

青海湖流域是对气候变化和地表温度变化敏感的区域，研究内容如下：从1992 年到 2015 年青海湖流域的水量变化规律；2000～2015 年的植被物候变化研究；反演植被物候与气候变化的关系；解释青海湖流域生态变化的主要驱动因素。因此，本书有助于人们提高对青海湖变化的认识，了解植被物候与驱动因素的联系。

为了推进中国城市化与公共健康研究，本书提供了一个量化关系，以了解城市扩张对公共健康的影响。首先，使用夜光数据作为统计城市化程度的定量基础。其次，回归关系提供了可能受到城市化影响的公共健康关键问题的统计学观点，如出生率、死亡率、自然增长率、健康指数、癌症发生率和地表温度。最后，讨论并总结改善公共健康的政策。

1.4 研 究 方 法

（1）文献综合法。

通过阅读土地覆被变化、热环境效应、景观生态、全球气候、土地利用规划和城市规划等方面的文献，概括出区域土地覆被与热环境效应的格局过程与响应的研究框架，同时归纳出可能影响城市热环境效应的因子，如下垫面、景观结构、人口、降水、空气污染和城市不同的三维结构。

（2）遥感图像分类。

首先，利用经验正交函数和时序解混的方法在遥感图像省域尺度上探测土地覆被变化中的植被退化和城市化过程。然后,利用线性光谱解混方法,将地表分为不透水面、植被、黑体等土地覆被分类。

（3）景观生态指标遥感提取方法。

景观格局是地球表层人地系统相互作用的典型表现形式,景观格局计算往往综合了地理学、景观生态学、非线性科学、社会学、经济学、生物学和空间信息科学等多学科的理论和方法。

（4）地表温度反演方法。

在参考国内外众多地表温度反演算法的基础上,针对本书的研究目的和研究区域的实际情况,采用针对 Landsat5、Landsat7 和 Landsat8 的数据演算地表温度的辐射传输方程。

（5）地表温度的尺度分析。

用经验正交函数的方法在时间维上统计地表温度的特征,同时分别从空间维度、时间维度、分形维度揭示地表温度的变化规律。

（6）GIS 空间分析法。

主要用于对地理要素的空间分布特征进行定性和定量的描述,并且利用地理加权回归分析城市热环境与影响因子之间的空间定量。

第 2 章　基于省域尺度的土地覆被变化探测

本章以江苏省域尺度的土地覆被变化——植被退化和城市化过程为例,提出以省域为尺度探测土地覆被变化的方法——综合经验正交函数和时序解混分析,经验正交函数方法得到的信号分量作为先验信息,时序解混分析方法得到植被退化区域的空间分布,并进一步进行精度验证。利用夜间灯光数据展示城市化的扩张进程。本章以省域为尺度进行探测,揭示出土地覆被变化的特征。

不同的空间尺度所反映的土地覆被格局是不同的,这主要是因为尺度变化对于空间信息精细程度有比较大的影响。本章尺度概念的提出具有两点意义:第一,在江苏省域尺度上和南京市域尺度上反映出的土地利用/覆被变化细节信息有所差别;第二,江苏省域尺度的土地覆被变化是南京市域尺度土地覆被变化和热岛效应的大环境背景。

2.1　研究区与数据

江苏省位于 $116°18'\sim121°57'$E,$30°45'\sim35°20'$N,总面积 $1\ 026.0\times10^4$ hm²$(1\ hm^2=10^5\ m^2)$,占中国总面积的 1%。平原区域 706.0×10^4 hm²,水域 173.0×10^4 hm²,同时有 954 km 长的海岸线。江苏省大部分区域的海拔低于 50m。根据行政区划,江苏省包括 13 个地级市[图 2-1(a)]。以淮河为界,江苏省以南的区域属于亚热带湿润季风气候,北部属于温带湿润季风气候。江苏省的典型植被类型包括落叶林、常绿落叶林和混合林。

江苏省的综合经济实力位于中国的前列。在中国实行对外开放的政策后,江苏省的省会南京市的城市面积大幅度扩张。2012 年,江苏省的城市化率为 63%,80% 的城市增长区域位于旧城区的边缘位置。由于城市扩张占用了大量的城市郊区的农用地,平均每个农民的耕地减少 335 m²。因此,在城市持续增长的过程中,对于土地覆被变化,尤其是耕地,及时有效的监督尤为重要。

南京市是江苏省省会,位于江苏省西南部[图 2-1(b)],地处中国东部地区,长江下游,濒江近海。全市下辖 11 个区,包括鼓楼区、玄武区、建邺区、秦淮区、雨花台区、浦口区、栖霞区、江宁区、六合区、溧水区和高淳区。总面积 6 597 km²,2013 年,建成区面积 752.83 km²。南京市的南北直线距离 150 km,中部东西宽 50～70 km。南京市地处北亚热带,属亚热带季风气候,四季分明,年平均温度 15.4℃,

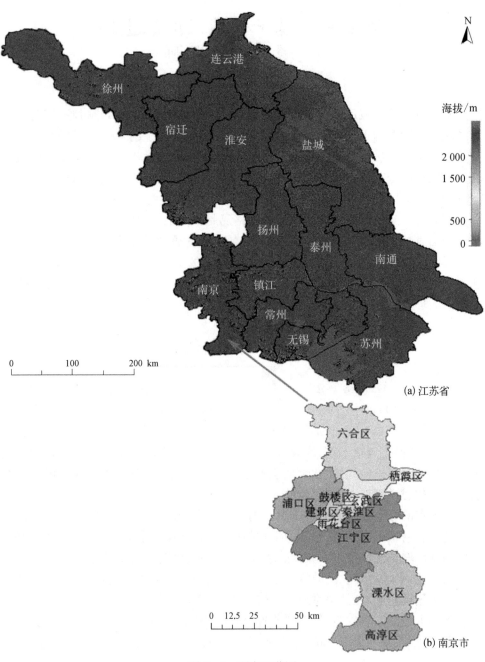

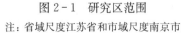

图 2-1　研究区范围

注：省域尺度江苏省和市域尺度南京市

年极端气温最高 39.7℃,最低－13.1℃,年平均降水量 1 106 mm。

本书是对土地覆被与地表温度的空间格局、时空过程、相互关系及响应机制的综合研究。数据及其来源如下。

(1) 遥感影像。本书主要数据来自遥感影像,包括:2000～2012 年的植被指数 MODIS EVI 296 景数据,下载于 http://glovis.usgs.gov;1997～2009 年的夜间灯光数据来源于 http://www.ngdc.noaa.gov/dmsp/downloadV4composites.html;2000～2013 年不同时相的 Landsat5、Landsat7 和 Landsat8 数据,下载于 http://glovis.usgs.gov。

(2) 矢量数据。主要包括江苏省的行政矢量数据和南京市的矢量数据。

(3) 降水量数据。2000～2012 年的降水量月平均数据,下载自美国哥伦比亚大学气候资料图书馆网站(http://iridl.ldeo.columbia.edu/)。

(4) 人口数据。来源于南京市统计年鉴(2001～2010 年)。

2.2　尺度的影响

土地利用/土地覆盖变化 (Land-Use and Land-Cover Change,LUCC)在 2005 年的报告中专门阐述了土地变化研究中的尺度问题。分别从多尺度概念、数据的获取、数据的分析探讨了在土地变化研究中的单一尺度和多尺度的研究方法。在千年生态系统评估项目中重点强调评估尺度与边界的选取、空间尺度与时间尺度的选取等问题。多尺度研究利用不同尺度开展评估,更有助于找出系统中重要的变化动态。

尺度问题是各个学科普遍存在的问题,甚至被认为是 21 世纪科学家面临的最大挑战。在土地利用/覆被变化研究中,尺度是通过粒度和幅度来表达的。时间粒度是指特定研究对象的取样频率或时间间隔。空间粒度是土地覆被中最基本的可辨识单元所表示的长度、面积或体积。幅度是指研究对象在空间或者时间上的跨度范围或长度范围(邬建国,2000)。尺度问题是地理学和景观生态学的重要问题之一。作为当前地理学和生态学交叉研究领域的土地变化科学,尺度研究同样受到了广泛关注。土地覆被变化是多尺度作用的结果,必须进行多尺度的综合研究。要挖掘从地块、地市、区域等的多层次数据,进而建立完备的空间数据库,解决好数据的协调工作,为格局、过程、响应研究奠定基础,进而为土地可持续利用提供决策支持(陈睿山和蔡运龙,2010)。

本章以江苏省域尺度的土地覆被为基础,提出利用经验正交函数和时序解混的方法,快速探测在省域尺度上植被退化的空间分布。并在市域尺度上予以精度验证,从而揭示土地覆被在不同尺度上的变化特征。最后利用夜间灯光的数据表征城市化的扩展范围,进而将植被退化与城市化联系起来,为进一步分析土地覆被变化与地表温度变化奠定基础。

2.3　基于经验正交函数和时序
解混的植被覆被变化探测

2.3.1　经验正交函数方法

　　基于经验正交函数(empirical orthogonal function,EOF)的分析方法也称特征向量分析,或主成分分析。经验正交函数分析是把原始数据分解为只随时间变化的函数和只随时间变化的函数的乘积。前几个变量占有较大的方差,代表原始数据的主要特征。经验正交函数的主要特点是数据结果基于数据本身的特点,而不是人为地设置阈值和假设条件。这种方法很容易将大量数据集中浓缩到主要分量。经验正交函数的缺点是可能会过分强调变量的整体相关结构,从而造成重要的局部信息被忽略。

　　Lorenz 在 20 世纪 50 年代首次将其引入气象和气候研究,现在该方法已在海洋和其他学科中得到广泛的应用。Cahalan 等(1996)将空间相关的随机噪声模型的 EOF 结果与美国月平均气温和降水量的 EOF 结果进行对比,发现主要的 EOF 模式的空间分布特征与实际非常相似。Chambers 等(2002)利用 TOPEX/POSEIDON 卫星测高数据确定了海平面的变化,并利用 EOF 方法将稀疏的验潮站数据内插为全球格网。Alory 和 Delcroix(2002)利用 EOF 方法对海平面和海面风场进行了分析并提出主要的空间模式,基于数据分析,对厄尔尼诺时间的预测进行了进一步的分析。Gerber 和 Vallis(2005)的研究发现,并不是所有的 EOF 模式均有物理意义和物理机制,如果单纯通过分析 EOF 模式来理解气候模式则需要谨慎。Dommenget(2007)运用经验正交函数方法,分析了热带太平洋的海表温度、印度太平洋海表温度、北半球冬季海表温度以及热带海平面气压等气候要素的分布特征,取得了良好的效果。信飞等(2013)借助经验正交函数的分解方法研究了导致上海地区汛期较强的降水时间的低频系统空间分布,将低频系统在东亚分成八个区。结果表明:南北低频气流的混合,是上海较强降水发生的原因。郭凤霞等(2012)利用经验正交函数建立了潮滩冲淤变化的第一特征函数,用表示季节性冲淤变化的第二特征函数和表示偶然因素扰动的第三特征函数,分析了浙江瑞安淤泥地表在建立丁坝后的演变规律。魏义长等(2010)把经验正交函数与地统计分析结合起来,分析了河南省 51 年的雨季降水,得出了空间分布的四种类型:总体一致性、南北差异型、东西差异型和山区异常型,并分析时间函数,得到了年际变化趋势规律。游泳等(2003)利用 1951～2000 年的中国夏季月降水资料,用经验正交函数的方法分析了中国夏季降水分布特征和旱涝情况,结果得到中国夏季降水的空间分布和时序特征。方修琦等(1997)利用 1978～1994 年各省农业受灾面积数据,利用经验正交函数进行分析,得到我国旱情空间分布的前三个典型场为长城一线、秦淮线和江南丘陵北缘。

经验正交函数最早是由统计学家 Pearson 在 1902 年提出的,20 世纪 50 年代中期 Lorenz 将其引入到大气科学中。它是将原始数据分解为依赖于时间的函数和空间函数的乘积,从中来分析原始数据中的空间结构。从数学的概念上,经验正交函数将原始数据分解,构成了较少的典型空间场。一是要求 K 个典型空间场互不相关,二是要求 K 个典型空间场基本涵盖原变量场的信息,从而有效分离出原变量场的主要空间分布结构,以下关于经验正交函数的详细数学展开引自刘婷婷和张华(2011)的研究。

设有 m 个空间点,每个空间点有 n 个观测值,每个数据表示为 x_{ij}, $i=1$、2、$\cdots$、m,$j=1$、2、$\cdots$、n。x_j 为第 j 个实际的空间场,令

$$\boldsymbol{X}=x_{ij}=(x_1,x_2,\cdots,x_j)=\begin{pmatrix} x_{11} & \cdots & x_{1n} \\ \vdots & \ddots & \vdots \\ x_{m1} & \cdots & x_{mn} \end{pmatrix} \tag{2-1}$$

经验正交函数将原始场 $\boldsymbol{X}$ 分解为时间函数 $\boldsymbol{Z}$ 和空间函数 $\boldsymbol{V}$ 的乘积。

$$\boldsymbol{X}=\boldsymbol{VZ} \tag{2-2}$$

$$\boldsymbol{x}_j=v_1 z_{1j}+v_2 z_{2j}+\cdots+v_m z_{mj} \quad j=1,2,\cdots,n \tag{2-3}$$

$$\boldsymbol{V}=(v_1,v_2,\cdots,v_m)=\begin{pmatrix} v_{11} & \cdots & v_{m1} \\ \vdots & \ddots & \vdots \\ v_{1m} & \cdots & v_{mn} \end{pmatrix} \tag{2-4}$$

$\boldsymbol{v}_j=(v_{j1},v_{j2},\cdots,v_{jm})^{\mathrm{T}}$ 是第 j 个典型场,它是空间的函数。

$$\boldsymbol{Z}=\boldsymbol{V}^{\mathrm{T}}\boldsymbol{X}=\begin{pmatrix} z_1 \\ \vdots \\ z_m \end{pmatrix}=\begin{pmatrix} z_{11} & \cdots & z_{1n} \\ \vdots & \ddots & \vdots \\ z_{m1} & \cdots & z_{mn} \end{pmatrix} \tag{2-5}$$

式中,$\boldsymbol{Z}$ 为时间的函数,由 $\boldsymbol{V}$ 与 $\boldsymbol{X}$ 唯一确定,z_1、z_2、$\cdots$、z_m 称为向量 $\boldsymbol{X}$ 在基 v_1、v_2、$\cdots$、v_m 下的坐标,z_k 表示 $\boldsymbol{X}$ 在 $\boldsymbol{v}_k$ 上的投影。

假设第 j 个实际空间场 $\boldsymbol{x}_j$ 仅仅在前 K 个向量上投影较大,由此可知:

$$\boldsymbol{x}_j=\sum_{k=1}^{K}\boldsymbol{v}_k z_{kj}+\sum_{k=K+1}^{m}\boldsymbol{v}_k z_{kj}=\sum_{k=1}^{K}\boldsymbol{v}_k z_{kj}+\boldsymbol{\varepsilon}_j(K)(j=1,2,\cdots,n) \tag{2-6}$$

式中,$\boldsymbol{\varepsilon}$ 是用 K 个基向量表达 $\boldsymbol{X}$ 时的剩余误差向量。

$$\boldsymbol{\varepsilon}_j(K) = \boldsymbol{x}_j - \sum_{k=1}^K \boldsymbol{v}_k \, \boldsymbol{z}_{kj} = \begin{bmatrix} \boldsymbol{\varepsilon}_{1j}(K) \\ \vdots \\ \boldsymbol{\varepsilon}_{mj}(K) \end{bmatrix} = [\boldsymbol{\varepsilon}_{1j}(K)\, \boldsymbol{\varepsilon}_{2j}(K) \cdots \boldsymbol{\varepsilon}_{mj}(K)]^{\mathrm{T}}$$

$$(2-7)$$

衡量用前 K 个基向量表达 $\boldsymbol{x}_j$ 时的精度,要用所有分量上的误差平方和,如下:

$$\boldsymbol{E}_j(K) = \sum_{i=1}^m \boldsymbol{\varepsilon}_{ij}(K)^2 = \boldsymbol{\varepsilon}_j(K)^{\mathrm{T}} \boldsymbol{\varepsilon}_j(K)$$
$$= (\boldsymbol{x}_j - \sum_{k=1}^K \boldsymbol{v}_k \boldsymbol{z}_{kj})^{\mathrm{T}} (\boldsymbol{x}_j - \sum_{k=1}^K \boldsymbol{v}_k \boldsymbol{z}_{kj}) \qquad (2-8)$$

得到的基向量应使得 x_1、x_2、$\cdots$、x_n 整体被表达得尽可能准确,精度可以由误差平方和的平均值来表示。记 $\boldsymbol{E}(K)$ 为场的总误差方差,即原始数据各点误差的方差之和,有

$$\boldsymbol{E}(K) = \frac{1}{n} \sum_{j=1}^n \boldsymbol{E}_j(K) = \frac{1}{n} \sum_{j=1}^n \boldsymbol{\varepsilon}_j(K)^{\mathrm{T}} \boldsymbol{\varepsilon}_j(K)$$
$$= \frac{1}{n} \sum_{j=1}^n (\boldsymbol{x}_j \sum_{k=1}^K \boldsymbol{v}_k \boldsymbol{z}_{kj})^{\mathrm{T}} (\boldsymbol{x}_j \sum_{k=1}^K \boldsymbol{v}_k \boldsymbol{z}_{kj}) \qquad (2-9)$$

显然,对于 m 维空间中给定的一组向量 x_1、x_2、$\cdots$、x_n, $\boldsymbol{E}(K)$ 的大小取决于 $\boldsymbol{v}_1$、$\boldsymbol{v}_2$、$\cdots$、$\boldsymbol{v}_k$ 的选取。EOF 按次序地选择正交基向量,即选 $\boldsymbol{v}_1$ 使 $\boldsymbol{E}(1)$ 达到最小,选 $\boldsymbol{v}_2$ 使 $\boldsymbol{E}(2)$ 达到最小,选 $\boldsymbol{v}_k$ 使 $\boldsymbol{E}(k)$ 达到最小。经验正交分解在展开过程中要求的是原始数据的总误差方差最小。

第一空间场,$\boldsymbol{v}_1$ 是使得 $\boldsymbol{E}(1)$ 达到最小的典型空间场。

$$\boldsymbol{E}(1) = \frac{1}{n} \sum_{j=1}^n \boldsymbol{E}_j(1) = \frac{1}{n} \sum_{j=1}^n [\boldsymbol{\varepsilon}_j(1)]^{\mathrm{T}} \boldsymbol{\varepsilon}_j(1)$$
$$= \frac{1}{n} \sum_{j=1}^n (\boldsymbol{x}_j - \boldsymbol{v}_1 \boldsymbol{z}_{1j})^{\mathrm{T}} (\boldsymbol{x}_j - \boldsymbol{v}_1 \boldsymbol{z}_{1j}) \qquad (2-10)$$

这种分解要求典型场正交:

$$\boldsymbol{V}^{\mathrm{T}}\boldsymbol{V} = \boldsymbol{V}\boldsymbol{V}^{\mathrm{T}} = 1 \qquad (2-11)$$

$$\boldsymbol{v}_i^{\mathrm{T}} \boldsymbol{x}_j = \boldsymbol{v}_i^{\mathrm{T}} \boldsymbol{v}_1 \boldsymbol{z}_{1j} + \cdots + \boldsymbol{v}_i^{\mathrm{T}} \boldsymbol{v}_i \boldsymbol{z}_{ij} + \cdots + \boldsymbol{v}_i^{\mathrm{T}} \boldsymbol{v}_m \boldsymbol{z}_{mj} = \boldsymbol{z}_{ij} = \boldsymbol{x}_j^{\mathrm{T}} \boldsymbol{v}_i$$
$$(2-12)$$

$$E(1) = \frac{1}{n} \sum_{j=1}^n (\boldsymbol{x}_j^{\mathrm{T}} \boldsymbol{x}_j - \boldsymbol{x}_j^{\mathrm{T}} \boldsymbol{v}_1 \boldsymbol{z}_{1j} - \boldsymbol{z}_{1j} \boldsymbol{v}_1^{\mathrm{T}} \boldsymbol{x}_j + \boldsymbol{v}_1^{\mathrm{T}} \boldsymbol{v}_1)$$
$$= \frac{1}{n} \sum_{j=1}^n \boldsymbol{x}_j^{\mathrm{T}} \boldsymbol{x}_j - \boldsymbol{v}_1^{\mathrm{T}} \frac{1}{n} \boldsymbol{X}^{\mathrm{T}} \boldsymbol{X} \boldsymbol{v}_1 \qquad (2-13)$$

令 $\sum = \dfrac{1}{n} \boldsymbol{X} \boldsymbol{X}^{\mathrm{T}} = \dfrac{1}{n} \sum_{j=1}^{n} (\boldsymbol{x}_j \boldsymbol{x}_j{}^{\mathrm{T}})$

$$\boldsymbol{E}(1) = \frac{1}{n} \sum_{j=1}^{n} \boldsymbol{x}_j{}^{\mathrm{T}} \boldsymbol{x}_j - \boldsymbol{v}_1{}^{\mathrm{T}} \sum \boldsymbol{v}_1 \qquad (2-14)$$

要使式(2-14)的结果最大,要限制 $\boldsymbol{v}_1$。规定 $\boldsymbol{v}_1$ 为单位向量,即 $\boldsymbol{v}_1{}^{\mathrm{T}} \boldsymbol{v}_1 = 1$,求最小的向量 $\boldsymbol{v}_1$ 使得 $\boldsymbol{E}(1)$ 最小,根据拉格朗日条件极值法,构造方程:

$$\boldsymbol{F}(v_1) = \frac{1}{n} \sum_{j=1}^{n} \boldsymbol{x}_j{}^{\mathrm{T}} \boldsymbol{x}_j - \boldsymbol{v}_1{}^{\mathrm{T}} \sum \boldsymbol{v}_1 + \lambda(\boldsymbol{v}_1{}^{\mathrm{T}} \boldsymbol{v}_1 - 1) \qquad (2-15)$$

式中,λ 称为拉格朗日乘数。

$$\frac{\partial \boldsymbol{F}}{\partial \boldsymbol{v}_1} = -2M \boldsymbol{v}_1 + 2\lambda \boldsymbol{v}_1 = 0 \qquad (2-16)$$

$$(M - \lambda) \boldsymbol{v}_1 = 0 \qquad (2-17)$$

如果使 $\boldsymbol{v}_1$ 有非零解,则必须有 $|M - \lambda| = 0$,即矩阵的特征方程。问题转化为求该矩阵的特征值和对应的特征向量。而 m 阶矩阵 m 个特征值 $\lambda_1 \geqslant \lambda_2 \geqslant \lambda_3 \geqslant \cdots \geqslant \lambda_m$,对应的特征向量为 $\boldsymbol{v}_1, \boldsymbol{v}_2, \cdots, \boldsymbol{v}_m$,所以 $\boldsymbol{v}_1$ 是特征向量,拉格朗日乘数 λ 是对应的特征值。当 $\boldsymbol{v}_1$ 是特征向量时,存在

$$\boldsymbol{E}(1) = \frac{1}{n} \sum_{j=1}^{n} \boldsymbol{x}_j{}^{\mathrm{T}} \boldsymbol{x}_j - \boldsymbol{v}_1{}^{\mathrm{T}} \lambda \boldsymbol{v}_1 = \frac{1}{n} \sum_{j=1}^{n} \boldsymbol{x}_j{}^{\mathrm{T}} \boldsymbol{x}_j - \lambda \qquad (2-18)$$

为了使 $\boldsymbol{E}(1)$ 达到最小,这个拉格朗日乘数 λ 应是最大特征值,即 $\lambda = \lambda_1$,$\boldsymbol{v}_1$ 应是最大特征值 λ_1 对应的特征向量。

$$\boldsymbol{E}(1) = \frac{1}{n} \sum_{j=1}^{n} \boldsymbol{x}_j{}^{\mathrm{T}} \boldsymbol{x}_j - \lambda_1 \qquad (2-19)$$

$$\frac{1}{n} (\boldsymbol{z}_1 \boldsymbol{z}_1{}^{\mathrm{T}}) = \frac{1}{n} \sum_{j=1}^{n} z_{1j}{}^2 = \frac{1}{n} \sum_{j=1}^{n} (\boldsymbol{v}_1{}^{\mathrm{T}} \boldsymbol{x}_j \boldsymbol{x}_j{}^{\mathrm{T}} \boldsymbol{v}_1) = \boldsymbol{v}_1{}^{\mathrm{T}} \sum \boldsymbol{v}_1 \boldsymbol{v}_1{}^{\mathrm{T}} \lambda_1 \boldsymbol{v}_1 = \lambda_1$$

$$(2-20)$$

第二典型空间场的展开,是依据同第一空间场的原理,$\boldsymbol{v}_2$ 是选取 $\boldsymbol{v}_1$ 使得 $\boldsymbol{E}(1)$ 达到最小后,$\boldsymbol{E}(2)$ 的典型空间场。

$$\boldsymbol{E}(2) = \frac{1}{n} \sum_{j=1}^{n} \boldsymbol{E}_j(2) = \frac{1}{n} \sum_{j=1}^{n} \boldsymbol{\varepsilon}_j(2)^{\mathrm{T}} \boldsymbol{\varepsilon}_j(2)$$

$$= \frac{1}{n} \sum_{j=1}^{n} \left(\boldsymbol{x}_j \sum_{k=1}^{2} \boldsymbol{v}_k z_{kj} \right) \left(\boldsymbol{x}_j \sum_{k=1}^{2} \boldsymbol{v}_k z_{kj} \right) \qquad (2-21)$$

由 $z_{1j} = \boldsymbol{v}_1{}^{\mathrm{T}} \boldsymbol{x}_j = \boldsymbol{x}_j{}^{\mathrm{T}} \boldsymbol{v}_1$,$\boldsymbol{v}_1{}^{\mathrm{T}} \boldsymbol{v}_1 = 1$ 及 $\boldsymbol{v}_1{}^{\mathrm{T}} \boldsymbol{v}_2 = \boldsymbol{v}_2{}^{\mathrm{T}} \boldsymbol{v}_1 = 0$,可得

$$E(2) = \frac{1}{n} \sum_{j=1}^{n} \boldsymbol{x}_j^{\mathrm{T}} \boldsymbol{x}_j - \lambda_1 - \boldsymbol{v}_2^{\mathrm{T}} \boldsymbol{M} \boldsymbol{v}_2 \qquad (2-22)$$

对向量求导,求无条件极值。令 $\dfrac{\partial F(\boldsymbol{v}_2)}{\partial \boldsymbol{v}_2} = 0$,得

$$-2\Sigma \boldsymbol{v}_2 + 2\lambda \boldsymbol{v}_2 + u \boldsymbol{v}_1 = 0 \qquad (2-23)$$

式(2-23)左右两边同乘 $\boldsymbol{v}_1^{\mathrm{T}}$,得

$$-2 \boldsymbol{v}_1^{\mathrm{T}} \boldsymbol{M} \boldsymbol{v}_2 + 2\lambda \boldsymbol{v}_1^{\mathrm{T}} \boldsymbol{v}_2 + \mu \boldsymbol{v}_1^{\mathrm{T}} \boldsymbol{v}_1 = -2 \boldsymbol{v}_1^{\mathrm{T}} \boldsymbol{M} \boldsymbol{v}_2 + \mu = 0 \qquad (2-24)$$

将等式 $\boldsymbol{M} \boldsymbol{v}_1 = \lambda_1 \boldsymbol{v}_1$ 的左右两边转置,得

$$\boldsymbol{v}_1^{\mathrm{T}} \boldsymbol{M}^{\mathrm{T}} = \lambda_1 \boldsymbol{v}_1^{\mathrm{T}} \qquad (2-25)$$

因为 $\boldsymbol{M} = \dfrac{1}{n} \boldsymbol{X} \boldsymbol{X}^{\mathrm{T}}$ 为对称矩阵,所以 $\boldsymbol{M}^{\mathrm{T}} = \boldsymbol{M}$,代入得

$$\boldsymbol{v}_1^{\mathrm{T}} \boldsymbol{M} = \lambda_1 \boldsymbol{v}_1^{\mathrm{T}} \qquad (2-26)$$

结果得出 $\boldsymbol{M} \boldsymbol{v}_2 = \lambda \boldsymbol{v}_2$,$\boldsymbol{v}_2$ 和 λ 是 $\boldsymbol{M}$ 的特征向量和特征值。当 $\boldsymbol{v}_2$ 是 $\boldsymbol{M}$ 的特征向量时,$E(2) = \dfrac{1}{n} \sum_{j=1}^{n} \boldsymbol{x}_j^{\mathrm{T}} \boldsymbol{x}_j - \lambda_1 - \lambda$,若想使 $E(2)$ 取得极小值,则 $\lambda = \lambda_2$。

在经验正交函数展开的过程中:

(1) 根据样本的值,求出 $\boldsymbol{M} = \dfrac{1}{n} \boldsymbol{X} \boldsymbol{X}^{\mathrm{T}} = \dfrac{1}{n} \sum_{j=1}^{n} (\boldsymbol{x}_j \boldsymbol{x}_j^{\mathrm{T}})$

(2) 求出以上矩阵的特征值和特征向量。

(3) 特征值为 λ,对应的特征向量为 $\boldsymbol{v}$,$\boldsymbol{V}$ 是空间上的函数。根据 $\boldsymbol{Z} = \boldsymbol{V}^{\mathrm{T}} \boldsymbol{X}$ 求 $\boldsymbol{Z}$,$\boldsymbol{Z}$ 是时间上的函数。

(4) $\boldsymbol{X} = \boldsymbol{V}^{\mathrm{T}} \boldsymbol{Z}$ 即为最后求得的结果。

2.3.2 经验正交函数植被退化应用

主成分变换方法通常用来计算数据的方差和提取不相关的维度。遥感影像光谱波段通常是相关的,主成分变换提供了一个有效的投影方法,使得各分量之间光谱不相关。将同样的性质应用于时间维度,主成分变换用来代表多时序影像中的不相关模式。在气象学和海洋学中,主成分变换提供了经验正交函数的基础。经验正交函数是时空模式和过程的标准分析工具。

主成分变换提供了识别时空模式的有效工具。通过旋转坐标轴随着不相关的正交维度,任意位置的像元时序 P_{xt} 包含于 N 维的时间序列中,可以表达为时间模式 F 和空间模式 C 的线性组合。

$$P_{xt} = \sum_{i=1}^{N} C_{ix} F_{it} \qquad (2-27)$$

式中，C_{ix} 是空间主成分(principal component，PC)。F_{it} 是对应的时间经验正交函数，i 是维度。经验正交函数分量是协方差矩阵的特征向量，代表数据中不相关时间模式。主成分(PC)是对应的空间权重，代表每个时序 EOF 对于时序像元 P_{xt} 的相对分布。每个 EOF 对于总体时空方差的相对分布由协方差矩阵的特征值来表示。N 代表具体维度数，比真实的物理过程或者大，或者小。主成分是不相关的，但是未必是独立的，除非这个数据联合正态分布。在原始数据中，决定性过程的时空结构方差可以用低维的 PC/EOF 来代表。当一个清晰的方差拐点可以被识别时，这就提供了一个统计基础去分开决定性过程和时间序列中的非重要性过程。同时，这个变换是纯粹统计学意义的，所以不保证分解结果具有物理意义。

在海洋学和大气学中，主成分变换通常用来描述重要的时空模式。因为噪声的存在，所以假设条件是 D 维(D 维小于等于数据总维度 N 维)低维数据与决定性的时空过程相关，高维数据代表统计的残差。上述时空过程可以由几个决定性时空过程的组合和残差之和构成。

$$P_{xt} = \sum_{i=1}^{D} C_{ix} F_{it} + \varepsilon \qquad (2-28)$$

式中，低维度 $C_{ix} F_{it}$ 代表决定性的时空过程，ε 代表统计方差。在海洋学和大气循环中，这代表了一个有效的假设，但是在地表过程中，决定性过程和统计上的方差未必对所有尺度都是有效的。基于这个原因，低维的分量通常被假定为是决定性过程，高维的分量被认为是残差。在传统的方法中，经验正交函数的分量通常被认为是空间模式，来代表空间连续模式的变动，主成分分析的分量通常被认为是对应的时间分量。在这个研究中，传统的概念被颠倒。经验正交函数分量代表时间模式。

经验正交函数的最大挑战是：如何解释时间特征向量的现实意义。主成分变换产生出统计意义上的不相关维度，但是并不能保证具有重要的物理意义，因为主成分变换可能打散了明显的物理过程，它是纯粹的统计意义。经验正交函数分析最大的挑战是：解释时间特征向量。一个单独的时空过程也许用许多个时间特征向量才能解释清楚。同时许多的过程才能贡献于一个单独时间特征向量。因此，许多方法，如旋转经验正交函数，尝试去旋转和重组时间特征向量，产生可以解释的现实模式。在这个以主成分分析为基础，利用多时序影像的研究中，研究的焦点放在低维的时间特征向量和对应的空间主成分(图 2-2)上。

对前 10 个时间特征向量的振幅在时间领域进行定量分析(图 2-3)。这 10 个时间特征向量是原始数据方差矩阵的特征向量。第 1 个时间特征向量曲线呈现出较小的振幅，主要因为它基本是增强型植被指数的平均值，有较小的方差。第 2 个和第 3

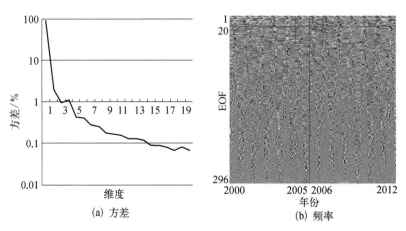

(a) 方差　　　　　　　　　　　(b) 频率

图 2-2　经验正交函数方法的统计方差

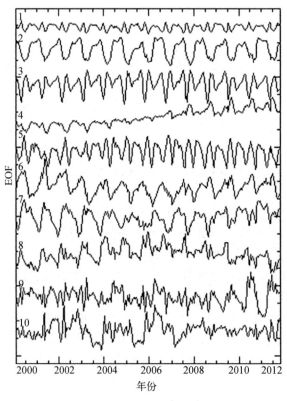

图 2-3　经验正交函数时序曲线

个时间特征向量有 1 次/年和 2 次/年的物候循环模式。明显地,第 4 个时间特征向量从整体上呈现逐步增加。第 5 个时间特征向量也有周期性 2 次/年的物候循环模式。第 6 个和第 7 个时间特征向量在 2006 年前呈现植被的下降趋势,之后逐渐增加。

在这个分析中,时间特征向量为时序解混模型提供了先验信息。第 4 个、第 6 个和第 7 个时间特征向量与植被的变化趋势相关,但是第 4 个时间特征向量比第 6 个和第 7 个占有更大的方差,所以更重要。第 4 个时间特征向量呈现出植被增加趋势,植被下降趋势与植被增加趋势的像元会在空间分布图的对立位置上。

2.3.3　时序解混方法

时序解混模型是线性光谱解混模型在时间域的应用。时序解混模型代表一个时序像元是各种时序模式组合与残差的和。在一个 N 维的时间序列图像中,每个位置的像元 P_{xt} 代表 D' 个时序端元 E_{it} 的按照丰度 f_{ix} 线性组合,余值为残差 ε。

$$P_{xt} = \sum_{i=1}^{D'} f_{ix} E_{it} + \varepsilon \tag{2-29}$$

丰度代表的是在时间模式中不同端元的实际百分比。结果是代表不同端元的空间分布的百分比。明显地,时序端元 E_{it} 可以代表明显的时序过程,ε 代表未建模的残差。通常,建模的维度要小于或者等于数据的真实维度。鉴于时序数据的像元 P_{xt} 有足够的时间上的抽样和较少的端元数目,线性解混模型 $P = fE + \varepsilon$,通常可以得出每个像元对应的每个端元的丰度。这导致一个线性解混模型的基本挑战——如何选择端元。

在光谱解混模型中,实际建模的维度和端元的选择决定了结果的精度。端元的选择实际上包括了一个假设:时空过程的维度。许多不同的方法被用来选择时序端元。植被研究中可以利用高空间分辨率的影像去识别特别的植被类型来作为物候类型。Quarmby 等(1992)在一个耕地分布的研究中表明,Landsat 的分类形成了时序的端元,这些端元被用作时序模型解混。另外的选择是利用辅助信息识别端元作为先验信息,然后再从多时序的数据中直接得到端元。Piwowar 等(1998)在一个海冰动态的研究中,利用 RMS 去分开两个额外的时序端元,然后比较不同端元组合的结果。这篇文章的作者得出,主成分分析可以辅助端元的选择。Lobell 和 Asner(2004)利用 MODIS 数据发展出一个基于概率的时序解混方法,在这个方法中,Landsat 的分类形成了时序端元的不同组合。这些端元组合产生出不同的解混结果,从而降低端元变动的敏感性。与此类似的方法是利用辅助信息去识别端元作为先验信息。Piwowar 等(2006)在一个利用 AVHRR 得到植被指数的研究中,迭代投影被用来自动选择候选端元,基于亮度和正交性,最后选择了四个端元代表感兴趣的过程。De Beurs 等(2006)利用不同的方法构建物候端元的解混模型。这些端元利用五个不同的植被物候时空特征来代表,其表征量为累积生长天数。这种类型的参数化方法代表了时序解混模型的一个重要进步,因为它以一系列基础时空过程的线性组合表征总体的时序过程,这些基础的过程是基于转换维度的分析函数的参数化得到的,而不是简单地基于固定方法得到的基础过程的线性组合。

与混合像元光谱解混存在相同的问题,时序混合像元解混中端元的最好选择方法尚未有一致的结论。目前的研究成果中,端元的选择有不同的方法,但是都只是使用与各自的问题相关的端元,没有方法选择更好的具有普适性的端元。重点是无论用什么方法识别出端元,端元的组合一定要与时间特征空间一致。即使端元是已知的,检查端元与原始时间特征空间的一致性关系也是非常重要的。这强调了对特征空间进行定性分析的重要性。定性可以反映出时间端元的多样性,以及它们对独立时空过程贡献率的百分比。

时空维度的方法提供了多时序影像定性的基础和时空模型的进一步发展。在这个研究中,时空维度指的是时间和空间模式的连续结构。时空维度与能识别出来的过程相关,或者是过程的组合。在利用数据对时空过程进行定量分析之前,最重要的是先要确定时空过程是如何存在于数据中的。定性多时序影像可以提供一种方法去判定有多少个不同的时空过程存在于影像中。定性的目的不仅是识别特殊的时空特征,同时要决定哪些时空过程是可以区别出来的,哪些是区别不出来的,可以有最小的假设。定性可以辅助建立模型,光谱解混模型的时空代表的定性适合用主成分分析的方法。

综合经验正交函数和时序解混方法探测植被覆被变化,是利用经验正交函数对植被变化趋势进行定性分析,然后利用时序解混来定量分析植被退化空间分布。这个方法是从光谱解混发展而来的,但是在光谱和时空维度上强调不同的侧重点,它们代表的物理过程意义也是不同的。主成分变换和经验正交函数表征时空维度不相关的时间模式和它们的空间分布。时间特征空间的维度和结构反映了主要的时间模式和它们之间的关系。时序解混模型提供了一种建模的方式,同时可以分解出时间模式对应的空间分布。当经验正交函数和时序解混函数同时用的时候,每个方法解决了一个限制。维度的定性提供了解混模型设计的先验信息,解混模型消除了解释单独的 EOF 的困难。由 EOF 得来的时空维度解决了时序解混模型难点——端元的选择和数据的变动性。这是通过采用 EOF 方法得到高维和低维数据的分离来解决的。

如下数据分析说明了如何利用经验正交函数进行定性分析与利用时序解混进行定量分析。研究的目的是通过对比案例来说明这个方法的优势和限制。这个方法的理论基础和经验正交函数的数学意义在前面先讨论。接着是基于经验正交函数的信息,利用时序解混的方法来得到植被趋势的变化信息。这个例子之后是两个验证案例：一个是利用线性光谱解混的方法说明植被变化，另一个是利用夜间灯光数据呈现城市化的演变过程，由此发现城市化与植被退化在空间上的相关关系。利用这两个对比的案例，一是为了说明利用经验正交函数和时序解混方法的普适性与时空结构过程的多样性，同时也是为了说明这个方法存在局限性。

在混合像元解混中，端元的选择是重点。在这里利用几何顶点法来选择端元。在经验正交函数的分解中（图 2-4），EOF4 有植被的上升趋势，EOF6 和 EOF7 有植被先降低后增加的趋势，但是 EOF4 比 EOF6 和 EOF7 占有更多的方差。在 EOF4 对应的空间分布 PC4 中存在植被上升的像元，在由 PC3 和 PC4 组成的坐标中[图 2-4(a)]，根据几何定点法来选择端元。几何定点法的概念是纯净像元位于几何形状的顶点，而几何形状的内部则是混合像元，也就是纯净像元的线性组合。在 PC3 和 PC4 组成的坐标中，找到了植被上升趋势的端元，在此端元的对立位置的像元，则是呈现植被下降趋势的端元[图 2-4(b)]。

基于时序解混的方法，图 2-4(c)呈现了基于时序光谱解混得到的植被下降趋势端元的空间分布。可以发现，植被下降的端元主要分布在已有城区的周围。在江苏省的中部，植被下降沿着黄河流域分布。在江苏省的南部，苏州市的植被下降不仅仅分布在城区的周围，而且呈现出星状分布。在这个分析中，解混时空分布过程主要是手动选择。手动选择主要是考虑到选择稳定的端元。这种方法的重点是强调快速探测大区域范围的植被下降。

Small 于 2012 年首次提出综合利用经验正交函数和时序解混的方法去识别物候的时空分布，主要是利用经验正交函数确定物候维度的数目，然后基于时间特征空间去选择时序端元。在这个方法中，利用经验正交函数主要是关注植被的下降和上升趋势，把植被下降趋势的端元作为时序解混模型的先验信息。Small 的方法和本书方法都是将经验正交函数的统计信息作为先验信息，但是一个强调的是植被的物候端元和对应的空间分布，本书强调的是植被的趋势信息和植被下降趋势端元的空间分布信息。

另一个探测植被变化的对比案例是 Verbesselt 等（2010）的研究，他的方法能够探测植被各种类型变化的时点，包括季节性和趋势性变化的时点，但是并未关注植被变化趋势。本书的研究方法重点关注植被的上升和下降的趋势，两种方法可以实现互补。经验正交函数提供了统计上的先验信息，利用下降植被端元作为基础，提供给时序解混。气候、生态、城市化和人口的迁移导致了植被的大面积下降。这个方法的优点是能够在大区域面积快速探测出植被下降的空间区域。这个方法的缺点是方法的精度有限。

进一步的研究有必要定量，应用经验正交函数和时序解混方法提取植被下降端元时具有何种边界敏感性。Small 在 2012 年的研究中表明，植被下降端元和植被上升的端元能够被识别，并且植被的变化与每年河水的涨水与退潮有关。在本

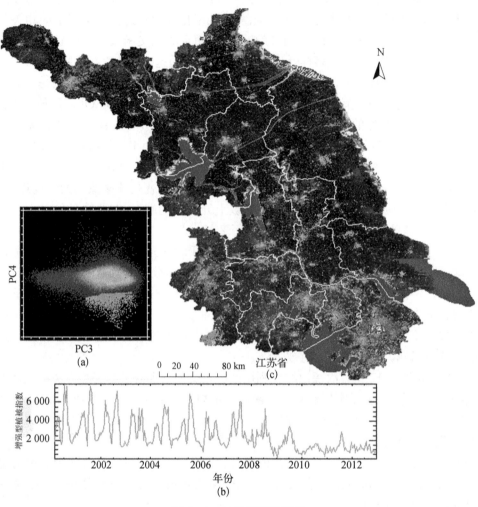

图 2-4　时序解混过程图

书的研究中,重点关注植被下降端元的空间分布。进一步的研究重点是提高植被下降端元的解混模型的分解精度。本书利用 30 m 分辨率的 Landsat 数据验证空间解混的精度。经验正交函数和时序解混综合的方法提供了分解植被变化趋势和快速探测植被变化趋势空间分布的一种方法。因此,进一步提高时序解混模型的精度是有必要的。

　　政策制定者可以选择 MODIS EVI 数据,结合经验正交函数和主成分分析的方法去快速探测植被下降的空间范围。这个方法可以作为土地利用规划一个有效的辅助工具。植被在土地覆被和生物循环的过程中是一个重要的组成部分。但是监测大面积的植被变化的费用通常是比较昂贵的。综合利用经验正交函数和时序解混的方法探测下降植被可以作为一个前置的手段。基于线性光谱解混的Landsat 数据也可以用来探测集中于某小面积区域的植被变化,进一步提高精度。

2.4　基于线性光谱解混的植被变化精度验证

在这个研究中,将 Landsat 数据用光谱解混的方法得到城市植被覆盖丰度的数据。在 Elmore 等(2000)的研究中,线性光谱解混在描述多时序变化中具有稳定性。线性光谱解混和端元的具体提取方法在下一章中做详细的介绍。

如图 2-5(a)所示,2000 年、2002 年和 2009 年的植被丰度分别在蓝色、绿色和红色的通道中。苏州市在江苏省的南部地区。线性解混方法在解混过程中,将每个像元的各种端元丰度之和为 1 作为解混约束。在本研究中,解混的均方根总体小于 0.02。苏州市的植被下降呈现星状的分布模式,这与苏州市的城市规划理念是一致的——"旧城为心,五区环绕"。城市化是植被下降的主要原因。基于线性光谱解混得到的植被丰度图验证了经验正交函数和时序解混得到的结果,均呈现出星状分布的模式和相同的空间分布。图 2-5(b)是左图中红色矩阵区域的方法,蓝色区域是在 2000 年具有较高植被覆盖的区域,但是它们在 2002 年和 2009 年的植被覆盖很低。这一植被丰度叠加图清晰地表现出植被丰度的变化过程。

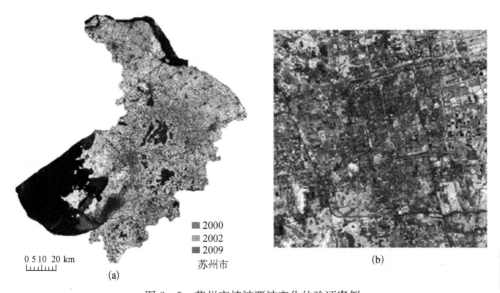
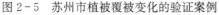

图 2-5　苏州市植被覆被变化的验证案例

如图 2-6(a)所示,2000 年、2006 年、2009 年的植被丰度分别为图中的蓝色、绿色和红色通道。在城市范围呈现出近黑色,是因为三个时期的植被均较少。城市边缘范围则呈现蓝色,是因为植被仅存在于 2000 年,而在随后的 2006 年和 2009

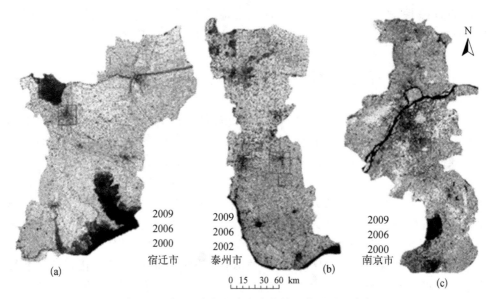

图 2-6　宿迁、泰州和南京市植被退化的验证案例

年,植被的丰度下降。这是一个典型的由城市化过程导致的植被下降过程,特征是植被环绕旧城区范围减少。基于省域和市域的探测结果在空间上呈现出一致性。

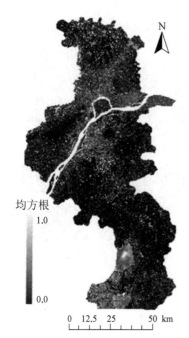

图 2-7　南京市线性光谱解混的均方根误差示意图

如图 2-6(b)所示,泰州市植被丰度减少的区域位于城市郊区。同时,南部区域的植被下降的像元比北部区域的植被下降的像元多,主要是因为泰州市的城市规划政策,市政项目重点在南部发展。同样,基于省域和市域的探测结果在空间上呈现出大部分的一致性。

如图 2-6(c)所示,为南京的植被丰度变化,红绿蓝通道分别是 2009 年、2006 年、2000 年的植被丰度。明显地,在南京中部呈现出的植被下降是环绕旧城区中心,所以是由城市化造成的植被区域面积下降。同时,南京南部的植被下降主要是由于新区建设。南京市的时序解混得到的植被下降区域与光谱解混的区域呈现出一致性。

在图 2-7 中,是以南京市 2006 年线性光谱解混的均方根误差作为线性光谱解混误差的例子。黑色区域均方根误差小于 0.02。南京市区呈现出的白色区域是长江。由图 2-8 可以得出,Landsat 的线性光谱解混具有较小的误差,由此,SVD 三端元模型得到的丰度结果具有较高的精度。用经验正交函数和时序解混方法得到的植被下降区域与精度较高的光谱解混模型得到的空间分布的丰度结果进行对比,具有较高可信度。

2.5　基于夜间灯光的城市格局变化

美国军事气象卫星 DMSP(Defense Meteorological Satellite Program)/OLS(Operational Linescan System)的夜间灯光数据容易获取,可在美国国家地理信息中心网站下载(http:ngdc.noaa.gov/eog/dmsp)。DMSP/OLS 在夜间工作,其特点是探测城市灯光、交通道路、车流和小规模居民点等发出的低强度灯光。时序夜间灯光数据可以呈现人类活动的空间范围变化,并且与 NOAA - AVHRR 具有相同的空间分辨率和时间分辨率,适合动态监测大尺度城镇扩展。

DMSP/OLS 所存储的影像是从 1992 年开始的,目前,国内外对夜间灯光数据的应用研究主要集中于城市空间扩张、城市人口估算、城市电力供应估算、社会经济因素对城市化的影响及由城市化造成的生态环境变化等方面。Small 和 Elvidge(2011)利用夜间灯光数据对亚洲地区 1992~2009 年的城市空间范围进行监测,引入经验正交函数修正了 OLS 传感器的 DN 值,提高了城市信息提取精度。Pandey 等(2013)利用夜间灯光数据和 SPOT - VGT 数据提取印度 1998~2008 年的城市用地信息,并利用 Google Earth 影像做了精度评价,最后发现在 10 年间产生了较大程度的城市扩张。王跃云等(2010)利用夜间灯光影像提取了 1993~2003 年的江苏省城镇建设用地,对比分析了城镇建设用地扩张的空间范围,与景观相结合,用斑块分析发现江苏省建设用地在不同时段分别呈"扩散"和"集聚"状态。徐梦洁等(2011)利用平均灯光强度提取了 1998 年、2003 年和 2008 年的长三角地区城市用地,表明城市用地扩张类型存在填充型、扩张型等类型。

图 2 - 8 中,1997 年、2000 年、2009 年的夜间灯光分别为蓝、绿、红通道。研究区的夜间灯光强度空间分异明显。江苏省南部城市的夜间灯光的强度明显高于北部的各城市。北部城市的灯光强度低,城市较为分散;南部城市的灯光强度高,而且整体密集度高,各城市的发展相对不够均衡。近 20 年来,长三角城市群不仅发展速度快,而且经济规模占全国的比例越来越高,成为中国经济发展的引擎。从夜间灯光观察,各个城市总体上均呈现出扩张特征。从扩张特点上来看,北部城市的扩张是以主城区为中心的扩张,南部城市则是多中心的星状城市的扩张。从政策上来看,在 2000 年以后,南京市、镇江市、扬州市以及泰州市之间的交通枢纽(铁路、高速公路)较为明显,带动了城市用地的增长。在常州市、无锡市、苏州市与上海市等的夜间灯光逐渐增强,形成了明显的成片城区的扩张。城市扩张与植被降低区域在空间上呈现出了一致性。

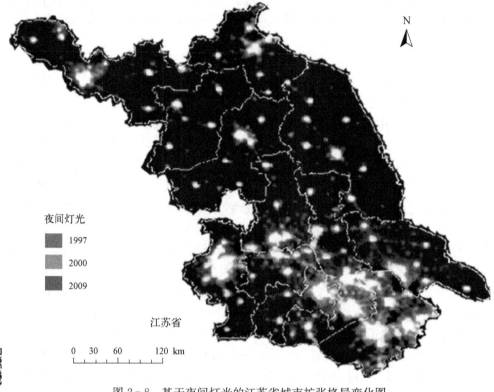

图 2-8　基于夜间灯光的江苏省城市扩张格局变化图

2.6　小　　结

　　经验正交函数提供了能够代表时空过程的维度数。经验正交函数的一个优势是这个方法在计算过程中没有其他附加的假设,而是依据数据本身的特征进行统计。在这个研究中,更多的关注点在于植被的变化趋势,特别是植被的下降趋势,为时序解混模型提供了先验信息。本章的经验正交函数方法不同于传统的含义,传统的方法解释单独的 EOF 和对应的时间特征空间。本章的经验正交函数用来描述植被的变化趋势,作为时序解混的基础。

　　时序解混模型用来识别下降植被端元的空间分布。在本书中,时序解混与传统的应用有两点不同。第一,本书中,时序解混模型只选择了下降植被一个端元,在其他模型可能选择两个、三个甚至更多。第二,经验正交函数方法提供了植被的变化和趋势信息作为先验信息。综合经验正交函数和时序解混的方法在识别下降植被的时空过程中是有效的。然而,时序解混的缺点是手动选择下降植被的端元,精确度有待得到进一步提升。但是这个方法强调的重点是快速探测大面积区域的植被下降时空分布。

　　Landsat 和夜间灯光这两个对比案例是为了说明基于经验正交函数和时序解混得到的下降植被空间分布的一致性。由线性光谱解混得到的植被丰度是为了与经验正交函数和时序解混对比下降植被的空间分布区域。夜间灯光区域是指人类的建筑表面。三个通道分别是红、绿、蓝,对应于不同年度,从而展示城市化的过程。在中国城市化的过程中,城市扩张是植被下降的一个重要驱动力(Alberti and Marzluff,2004)。人类夜间灯光的数据提供了一个有效的方法去展示城市扩张的空间范围,这些范围也是植被面积下降的区域。通过对比这些案例可知,经验正交函数和时序解混的方法得到的江苏省植被下降时空分布结果是具有可以信赖的精度的。

　　夜间灯光扩张范围体现了城市化过程和人类的扰动范围。城市化过程增加了城郊的不透水面丰度。地表物理性质的改变和人为活动造成的增温是热环境效应加剧的主要原因。在省域范围上,夜间灯光的扩张范围主要以旧城区为中心,江苏南部比江苏北部的夜间灯光扩张空间范围大。

第3章 基于市域尺度的土地覆被时空格局

不同的空间尺度所反映的土地覆被格局是不同的,这主要是因为尺度变化对于空间信息精细程度有比较大的影响。省域尺度的土地覆被变化呈现了主要趋势,市域尺度的土地覆被变化呈现了更多细节。在南京市域的尺度上,利用线性光谱解混方法,选取不透水面—植被—黑体端元,解混得到了2000～2013年地表物理特征空间分布,得出了不透水面—植被—黑体端元的时序丰度和空间格局变化特征。并进一步分析了植被指数和植被丰度的线性关系,对比其在表征地表植被覆被的差异。

3.1 混合像元分解方法及端元的选取

3.1.1 线性光谱解混

Christopher Small 从 1999～2013 年对于线性光谱解混方法发表了数篇详细而且多角度的论文(Small,2001b;Small,2002,2003,2004;Small,2005;Small and Lu,2006;Small and Miller,1999;Small and Miller,2000;Small et al.,2009)。本书对于线性光谱分解的方法原理引自 Small 等的成果(Small,2001a;Small and Milesi,2013),本书中端元的选取是 Small 和 Milesi(2013)根据 2013 年 100 个城市的地表反射率综合得出的端元结果。地表反射光谱可以利用不同的纯净端元的线性组合来表达。当地表有特殊的材质,呈现出复杂的反射辐射情况时,可以考虑光谱之间非线性的情况或者增加端元的数量。如果纯净光谱端元之间以线性混合为主,并且端元光谱是已知的,那么每一个地表像元都可以被解混为纯净端元的线性组合。

线性解混模型假设,在传感器—视场角区域内,光谱反射率可以表达为端元光谱的线性组合:

$$f_1 E_1(\lambda) + f_2 E_2(\lambda) + \cdots + f_n E_n(\lambda) = R(\lambda) \qquad (3-1)$$

式中,$R(\lambda)$ 为观测到的反射率;λ 为波长;$E_i(\lambda)$ 为端元的光谱;f_i 为相应端元的丰度。由于传感器量测得的光谱波段数目是有限的,地表反射率是传感器修正后和大气作用后的辐射。因此,连续的光谱反射率可以表示为不同波长(端元)和丰度的线性组合。

线性光谱解混有两个重要的问题,一是决定具体端元的反射光谱,二是与地表反射率相关的端元的数目。如果端元的数目小于波段的数目,那么解混的结果可能是正确的,但端元本身包括测量误差。在这种情况下,为了适应反射率估计错误,解混模型可以修改为

$$r = Ef + \varepsilon \qquad\qquad (3-2)$$

式中,ε 为误差,目的是找到合适的端元 E 和对应的丰度 f,取最好的拟合观察到的反射率 r,使误差 ε 最小。因为 $\varepsilon = r - Ef$,所以目标是使 $r - Ef$ 最小。

$$\varepsilon^{\mathrm{T}}\varepsilon = (r - Ef)(r - Ef) \qquad\qquad (3-3)$$

许多方法都可以解决最小值的问题。方法的选择主要取决于端元的光谱特征和噪声的本质。在噪声不相关的情况下,利用最小二乘的方法(Settle and Drake, 1993)可得

$$f = (E^{\mathrm{T}}E)^{-1} E^{\mathrm{T}}r \qquad\qquad (3-4)$$

结果得到每个像元的端元丰度估计值,像元的端元丰度代表这个像元区域包含这个端元的百分比。所有的丰度估计值之和应该等于 1,即 $\sum f_j = 1$,并且所有的丰度估计值应当大于等于零,即 $f_j \geqslant 0$。

在实际中,线性光谱解混模型的验证是考虑地表多反射率与有限的端元反射光谱之间的差异值的大小。在典型的多光谱传感器中,如 Landsat,光谱通常被低采样,所以不同反射光谱的地表材质在 Landsat 的 6 个波段中可以产生难以区分的反射矢量。在某种意义上,这可以简化混合像元解混的问题,降低可能的端元数目。相反,降低端元数目也可能限制了 Landsat 数据的解混能力,因为小于数目 6 的端元要去描述影像中的变化,并且端元要能清晰地在光谱波段中识别出来。由此,线性光谱解混模型的稳定性是由数据的维度和波段之间的相关性决定的。首先,决定影像的特征空间拓扑结构,也就是影像中端元的数目,才能进一步决定线性光谱解混模型是否是合适的。

3.1.2　图像的维度

遥感影像的维度是由地表的反射光谱和传感器的光谱扫描方式共同决定的。光谱的扫描抽样方式是由传感器的空间和光谱分辨率决定的。波段之间的相关降低了数据的有效信息。噪声的存在进一步降低了数据的信息内容。假设噪声是空间不相关的,数据信息是空间相关的,那么就有可能利用特征值来获得数据的维度和方差的分布。主成分变化的方法通常被用来降低波段之间的相关性和了解多波段影像的方差分布。但是反射波段的不同尺度可能造成噪声在某个波段占有更大

的方差。因此,最好是在去信号噪声比和空间自相关的基础上计算方差。

3.1.3　端元的光谱波段

　　线性光谱解混模型的端元丰度估计是基于假设的。最简单的解混模型是用最小数目的端元去描述观察到的反射率。该解混模型是利用三端元,分别位于三角形拓扑的顶点(图 3-1)。图中,S 是不透水面,V 是植被,D 是黑体,R 是残差。如果三角形内部的所有点都可以利用这三个端元的线性组合表达出来,那么端元的反射矢量就组成了一个凸多边形。凸多边形解决了端元可能线性相关的问题,但是也并不保证选择的光谱端元是唯一适合该数据的端元。因此,重要的是,除了找到数学意义上的端元,还应找到物理意义上的合适的端元。这里,基于低反照率、高反照率和植被的三端元模型与光谱特征的物理意义一致,适合城市环境。

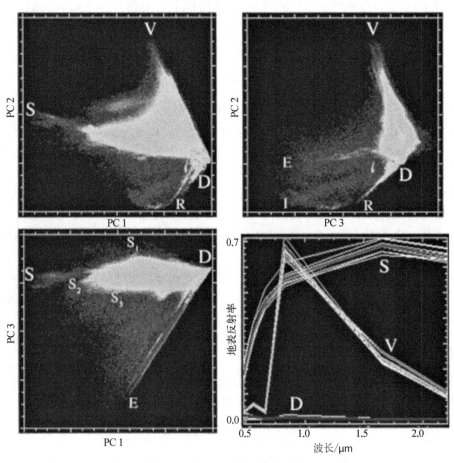

图 3-1　SVD 三端元提取过程

引自 Small and Milesi,2013

　　线性光谱解混成功与否依赖于端元的选择。选择端元有许多方法,包括基于先验假设、地表真实点、实验室反射率测量和基于影像本身。许多时候,选择的参考端元应当与地表的真实材质相符合。在城市反射率中,端元的选择有三种方法:最大限度包括特征空间选择、最小限度包括特征空间选择、地理图像空间选择。最大限度包括端元是指在经过最大噪声分离或主成分分析后,在三角形基于顶点的位置(图 3-1),选择较多纯净像元的个数取平均值(>2 000)。最小限度包括端元是指在散点图的顶点位置,选择较少的纯净像元的个数取平均值(小于 100)。地理图像空间端元方法是指利用云、水和草等同质点对应于散点图的区域进行选择。

　　一旦确定了光谱端元,那么它们对于地表物理材质的实质意义也就确定了。在本书的研究中,选择的端元是 Small 和 Milesi(2013)在 2013 年根据 100 个城市地表特征综合得出的端元结果。在他们的研究中,通过全球混合空间中的地表信息将端元标准化。SVD 三端元分别位于二维散点图组成的三角形拓扑空间的顶点(图 3-1),中间的混合像元是端元的线性组合。主成分分析方法表明,99%的光谱方差能够利用 3 维低维的主成分来代表,在 3 维空间中,98%的光谱能够用植被、黑体和不透水面端元来表示。在 100 景 Landsat 中,每个单独的 Landsat 用 SVD 模型来提取对应的丰度,然后利用由平均值得出的标准 SVD 模型提取丰度,将两者进行对比,发现丰度偏差不到 0.05。这个平均的 SVD 模型为 Landsat 定义了一个标准的全球解混模型。在进行结果验证时,对比 Landsat TM/ETM 的植被与水体丰度结果和 WorldView 的丰度结果,表示出了强线性相关。不透水面的丰度线性关系不强烈,主要是因为 Landsat 的不透水面波段并不完全代表不透水面,而 WorldView-2 的不透水面波段则基本是水泥等不透水面区域。

3.1.4　丰度的估计

　　三端元波段被导入到线性光谱解混模型中,从而求得端元的丰度。约束条件是每个像元的端元丰度之和为 1。为了使解混结果稳定,要确保端元光谱的选择正确,端元光谱的一点点偏差,都可以造成丰度的很大不同。丰度结果的检查可以利用均方根的图像。均方根是实际值和构建值之间的偏差。大的溢出值代表这个端元不能够很好地代表地物,但是并不影响端元丰度的估计。小的溢出值代表线性光谱解混模型在数学统计意义上的验证,但是并不代表结果一定具有物理意义。为了进一步验证丰度的精确性,有必要利用地表真实点,对比 Landsat 提取的端元丰度和地表地物的真实丰度。

3.2　南京不透水面的提取与格局分析

地表不透水面是指城市中由各种不透水建筑材料所覆被的表面。不透水面是城市化水平的重要标志，是研究城市制图、水质污染等的重要指标，城市不透水面的存在会引发较多的城市环境问题。城市化发展的过程中，不透水面取代了原有的农田和森林植被，使得可以通过植被蒸腾散发热量的地表减少，从而导致了城市热岛效应的出现。因此，研究城市不透水面的空间格局和发展演变规律，对于城市规划及环境治理均具有重要意义。

Weng(2008)将遥感数据提取不透水面的方法归结为：遥感影像分类、多元回归、亚像元分类、人工神经网络、分类和回归树方法等。城市不透水面的材料较为复杂，由于城市结构、功能和基础设施的差异，城市下垫面的组成复杂多样，地表组成均质性交叉，也会对城市不透水面的估算带来一定的困难。在本书中，利用线性光谱解混的方法提取不透水面，端元是根据 Small 和 Milesi(2013)的研究中全球100 景 Landsat 影像综合出来的结果，尽可能地消除了城市下垫面异质性带来的误差，提高了混合像元解混的精度。

如图 3-2 所示，Landsat TM/ETM 的数据获取时间分别为 2002 年 7 月 12日、2006 年 5 月 20 日、2007 年 5 月 7 日和 2009 年 10 月 3 日。数据范围为南京市整个行政区范围。从图 3-2(a)中可以看出，高不透水面丰度的区域所占的比例还是相对比较小的，不透水面覆盖度高的区域主要集中在长江南部中心城区的位置，主要是居住区、道路、工业区和商业区。中低不透水面丰度区域一般是水体和农田，占了整个研究区的一半以上。图 3-2(b)中，2006 年的高不透水面丰度的区域由中心城区向外扩张，同时，人类活动对南京的北部区域有扰动，北部呈现出高不透水面丰度的区域。图 3-2(c)中，2007 年的高不透水面丰度在 2006 年的基础上，进一步向南扩张。同时可以发现，中心城区高不透水面丰度的强度有所减弱。这说明在城市向外扩张的过程中，中心城区的建设用地强度有所减弱。图 3-2(d)中，2009 年的高不透水面丰度区域主要分布在中心城区和南京北部，南京北部的建设用地强度进一步增加。中心城区的建设用地强度和用地密度有一定程度上的减弱。

图 3-3 是从 2000～2010 年 20 景反演的不透水面丰度图中提取的不透水面丰度值时序线。图 3-3(a)是从中区城区提取的不透水面丰度的时序线。图 3-3(b)为从远郊点提取的不透水面丰度值的时序线。对比两图的纵坐标，中心城区的不透水面丰度基本稳定在 1.0 左右，远郊的不透水面丰度值基本在 0.3 左右。不透水面的扩张是城市发展的结果。图 3-3 从另一个侧面反映了中心城区和郊区在用地类型与用地强度上的定量差异。

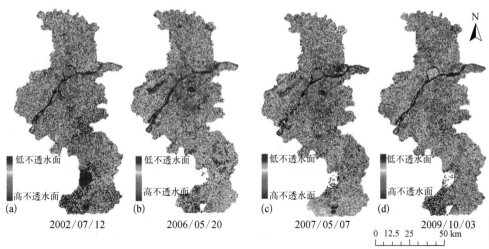

图 3-2　南京市年际不透水面丰度对比图

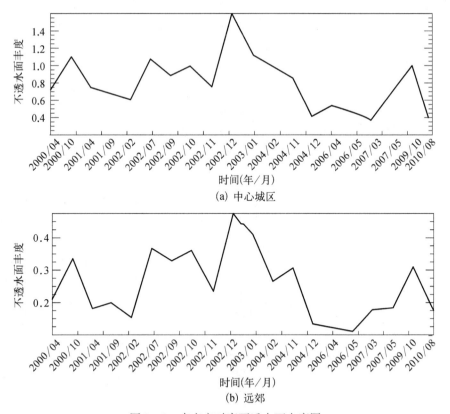

图 3-3　南京市时序不透水面丰度图

3.3　基于混合像元分解的植被丰度分析

随着城市化进程的加快,人类对于地表覆被的扰动不断增强,带来的城市生态环境问题,如热岛效应和空气污染,也日益严重并凸显出来。许多学者寄希望于城市的绿化建设,希望通过增加植被和合理的布局来改善城市的生态环境。遥感技术的快速发展为城市植被的大面积探测提供了可能。高分辨率影像能保证获取城市土地利用覆被的精度,但是其价格昂贵,并且时序历史数据不易获取。中分辨率遥感影像(Landsat)仍然是土地覆被动态变化检测中的常用数据。

中分辨率遥感影像(Landsat)中的混合像元问题比较严重。传统的土地监督分类和非监督分类的方法适用于土地利用用途变化的质变,但是不适合于土地覆被类型变化(城市不透水面和植被覆盖度等)的量变。混合像元分解方法是提取植被丰度的主要方法。它的优点是基于光谱反射模型中的像元,利用端元不同丰度的线性组合得到最优化求解,具有数学的统计意义,同时物理意义明确。线性混合像元分解方法在城区(Wu and Murray,2003)、干旱半干旱地区(Elmore et al.,2000)均得到了较好的研究结果。

图 3-4 中,对比了年际间的植被丰度变化。图 3-4(a)中,在 2001 年,低植被区主要分布在中心城区的小面积区域。图 3-4(b)中,2002 年 9 月,南京市的北部也出现了植被覆被的扰动,呈现了低植被区的趋势。图 3-4(c)中,2007 年 5 月,中心城区的低植被区面积扩大,并且向南部扩张,低值被覆被区呈散点状蔓延。图

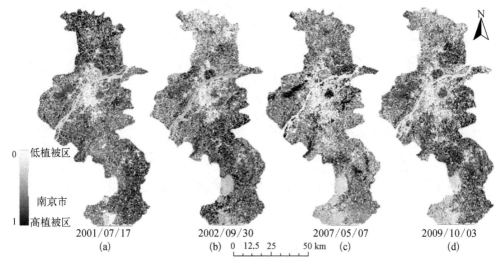

图 3-4　南京市年际植被丰度对比图

3-4(d)中,2009 年 10 月,中心城区的低植被覆盖区域进一步扩大,南京市的南部和北部也均有低植被区域的分布。

从 2001 年到 2009 年,中心城区的低植被区扩张显著。从总体上来看,南京市的高植被覆盖区面积大幅下降,基本只有以下区域的植被分布受到的扰动较小:一是远郊农业耕作区;二是风景区及森林公园;三是比较偏远的尚未开发的区域。分析南京市植被覆盖变化的主要原因主要包括以下几个方面:

(1)南京城市化的快速发展。从 20 世纪 90 年代以来,南京市的城市化水平发展迅速,导致城市人口增加和房地产的开发加剧,因此建设用地大量增加,并且呈现大面积的集聚分布,构成了城市景观的主要要素。浦口区是南京市中心城区的副中心,是现代化的科学城和重要的旅游度假地。但是随着机场的扩建,高新区的设立、旅游设施的进一步建设和房地产的市场扩展,都对绿地造成了一定的影响。栖霞区内大学城、产业园和新型社区的建立,导致了栖霞区内绿地面积的进一步减少。工业的迅速发展导致远郊六合区的绿地面积进一步减少。

(2)自然因素。自然因素对于城市绿地分布的影响主要体现在地形上。处于山地和丘陵的绿地,由于具有较大的开发成本,而免于被开采和破坏。但是处于地势平缓区域和城镇内部的植被,则容易被城市扩张和工业发展等所占用,自然因素也是造成植被覆被变化的原因(李明诗等,2013)。

在线性光谱解混的过程中,误差的来源主要有以下几个方面:

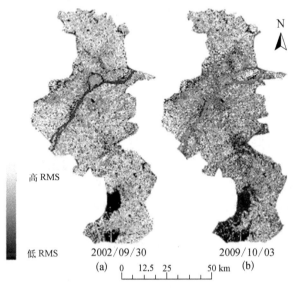

图 3-5　混合像元分解均方根误差(RMS)分布图

（1）光谱端元的选择。在本书中，用于解混的端元是基于 Small 和 Milesi 根据全球 100 景 Landsat 数据提取的综合端元（Small and Milesi，2013），降低了端元的误差。

（2）光谱分解模型的误差。地表地物像元的光谱特征比较复杂，有些地表像元未必是选择的端元的线性组合。

（3）影像本身的误差。主要有影像本身的质量问题、小块的云遮挡或图像模糊。图 3-5 中分别列举了 2002 年 9 月[图 3-5（a）]和 2009 年 10 月[图 3-5（b）]的均方根误差。大的溢出值代表这个端元不能够很好地代表地物，但是并不影响端元丰度的估计。颜色越深，代表均方根误差越小，则线性光谱解混模型解混的效果越好。如图 3-5 所示，总体上，线性解混模型的均方根误差分布相对较小。

3.4　黑体丰度提取

在 SVD（不透水面—植被—黑体）模型中，黑体主要指低反照率的地表，包括水体、阴影以及其他低反照率的地表材质。如图 3-6（a）和 3-6（b）所示，对比了 2000 年 4 月 1 日与 2013 年 8 月 11 日的黑体丰度。从黑体总体分布上来看，水体的高值分布是相对明显的，横穿南京境内的黑体丰度亮值区域为长江流域，南京西南部的椭圆形黑高值区域为固城湖，南京南部的黑体高值区域为部分水田等。整体上，南京市从 2000 年到 2013 年，黑体丰度分布变化不大。图 3-6（c）为 A 点固城湖的水体丰度的提取时序曲线，从 2000～2013 年共 22 景 Landsat 影像反演的黑体丰度中提取。从水体丰度的分布可以看出，丰度最大值为 1.2，最小值为 0.2，丰度基本上围绕在 1 左右，水体丰度的分布也可以作为检验线性混合解混模型精度的一种方式。

水体指城市的江河、湖泊、海洋、水库、滩涂和渠道等。在卫星遥感影像上，黑白遥感影像中的水体的纹理相对均匀，但是色调因为水体的深浅、含沙量、受污染程度、河流的流速等呈现出比较复杂的情况。通常，水体深，则相对色调也深，水体浅，则色调也浅。水体的含沙量越大，色调越浅。水体的受污染程度越重，色调越深。静止的水体色调相对较深，湍急的河流则色调相对较浅。在彩红外遥感影像上，水体主要是通过影像颜色和纹理的信息来判别，水体一般呈现出蓝色，受污染的水体呈现出黑色，水体含沙量大的河流呈现出绿色。

太阳照射到水体表面，太阳辐射主要入射到水体，一小部分通过表面反射到空中。进入水体的太阳辐射，主要被水体吸收，水中悬浮物反射部分太阳辐射，水底吸收和反射了部分太阳辐射。因此传感器接收到的太阳辐射包括了水面反射光、水中悬浮物反射光、水底反射光和天空散射光。同时，不同水体的性质、悬浮物的性质和含量、水深和水底特性等均不同，导致了传感器所接

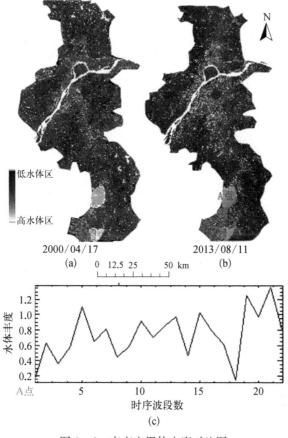

图 3-6　南京市黑体丰度对比图

收到的反射光谱的不同,因此为遥感探测水体信息提供了基础(赵振峰,2009)。

3.5　基于植被指数的植被空间分析

1969 年,Jordan 提出了最早的植被指数——比值植被指数(ratio vegetation index,RVI)。1973 年,Rouse 等提出了归一化植被指数 NDVI,它可以消除大部分与仪器定标、太阳角、地形、云阴影和大气条件有关的辐射照度的变化,对植被的响应能力强。随后又陆续出现了其他植被指数,包括抗大气植被指数(ARVI)(Kaufman and Tanre,1992)、土壤调节植被指数(SAVI)、转换型土壤调节植被指数(TSAVI)、修正性土壤调节植被指数(MSAVI)、优化型土壤调节植被指数(OSAVI)(张佳华等,2010)、正交植被指数(PVI)和增强型植被指数(EVI)(Hui and Huete,1995),EVI 在 NDVI 的基础上做了土壤背景调节和大气修正,从而增强了抗背景干扰的能力。

　　绿色植被通过改变碳和水汽交换过程,改变地表的能量平衡,从而进一步影响地表的温度。在城市热岛能量交换的研究过程中发现,潜热交换多发生在植被密集的区域,而植被稀疏的区域多发生显热交换,这一发现进一步促进了地表温度与植被覆被的相关关系的研究。江樟焰等(2006)研究发现,在 NDVI<0.161 时,地表温度与 NDVI 之间不存在线性相关关系。程承旗等(2004)以北京为研究区,利用 Landsat TM 数据反演地表温度,得出热岛效应强度与 NDVI 呈线性相关关系。Small(2001a)在 2001 年的研究结果中指出,NDVI 具有非线性和观测平台的不确定性与依赖性,并不适合用于定量分析植被覆被变化情况,NDVI 与地表温度的关系也仍旧需要进一步的研究。因此,对比分析不同植被覆被计算方式与地表温度之间的关系,从而进一步寻求更好的植被参数模型,成为城市热岛效应研究中的重要问题。

　　图 3-7 中显示 2000～2010 年 20 景植被指数 EVI 的数据,在南京市[图 3-7(e)]分别选取了 A 点中心城区[图 3-7(a)]、B 点近郊[图 3-7(b)]、C 点近郊[图 3-7(c)]和 D 点远郊[图 3-7(d)],提取 EVI 植被指数的时序曲线,对比植被曲线的时空变化。从空间上来说,A 点中心城区的植被指数最低,其最高值为 1 600。近郊 B 点和近郊 C 点的植被指数高于中心城区,最高值为 4 000。远郊 D 点的植被指数高于中心城区 A 点和近郊 B、C 点,最高值为 5 300。植被指数可以从整体上反映植被的覆盖情况。

　　在 Small 和 Milesi(2013)的研究中,基于全球的视角,利用全球 100 景 Landsat 提取的 SVD 端元,做遥感影像线性光谱解混,得到植被丰度的分布。利用

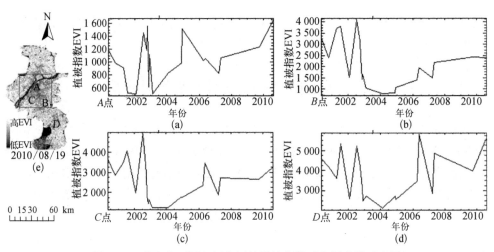

图 3-7　南京市不同空间位置的植被指数时序提取线对比图

植被丰度分别与 NDVI、EVI、SAVI 和穗帽绿度作二维散点图的线性回归对比。结果得出植被丰度与 EVI、SAVI 和穗帽绿度呈现出强烈的正相关关系,与 NDVI 拟合关系较弱。穗帽绿度值在 0.1～0.5 的范围内与植被丰度(<1.0)呈现出正相关关系。对应于植被丰度小于 0.1 的范围,穗帽绿度值小于 0。EVI 与植被丰度呈现出强正相关关系,回归系数接近于 1。SAVI 在植被丰度小于 0.6 的范围内呈现出线性相关,但是在植被丰度大于 0.6 后,呈现略过饱和的状态。NDVI 在植被丰度的范围内均呈现出变动性,并且在植被丰度为 0.2～0.5 的范围内呈现出过饱和。如图 3-8 所示,横坐标为基于 SVD 线性解混模型得出的植被丰度,纵坐标为植被指数 EVI。图 3-8 中,植被指数 EVI 与植被丰度呈现出两类关系,一是正线性相关,一是弱相关关系。如在 2002 年 2 月 10 日、2006 年 4 月 2 日、2006 年 5 月 20 日、2007 年 3 月 20 日、2007 年 5 月 7 日、2009 年 10 月 3 日和 2010 年 8 月 19 日

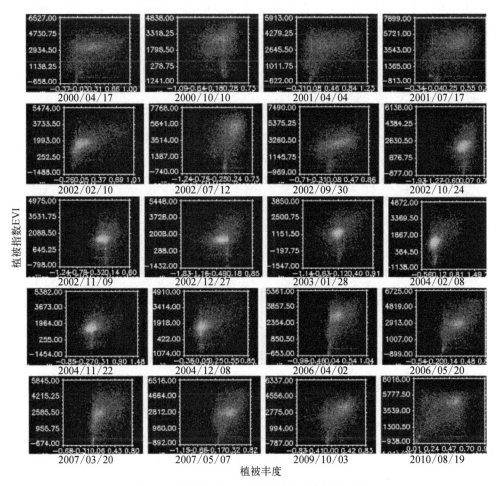

图 3-8　植被指数 EVI 与植被丰度线性拟合图

等,植被指数 EVI 与植被丰度呈现出正相关关系,两者在表达植被覆被上具有良好的相关性和一致性。如在 2002 年 11 月 9 日、2002 年 12 月 27 日、2003 年 1 月 28 日、2004 年 2 月 8 日、2004 年 11 月 22 日和 2004 年 12 月 8 日等,植被指数 EVI 与植被丰度一部分散点呈现正相关趋势,与一部分散点呈现出无相关关系。主要原因可能是南京市当时处在冬季,地表植被覆被较少,而植被丰度和植被指数 EVI 在低植被覆被的表达上的偏差,造成了弱或无相关关系。

3.6　小　　结

在城市化的过程中,城市扩张引起下垫面发生剧烈的变化,土地覆被类型从植被、土壤、水体等自然地表转换为水泥、沥青和砖瓦等非渗透性地表。地表生物物理和化学性质随之改变。本章以下垫面物理性质特征为切入点,利用线性光谱解混,分析了南京市土地利用覆被(不透水面—植被—黑体)的时空特征。研究结果剖析了南京市的地表温度特征的空间格局和年际变化。同时对比了植被指数和植被丰度在表示地表植被覆被上的差异与相关性。其结果有助于分析南京城市热环境的成因、影响因素和运移规律。

第4章 城市热环境格局

不同土地利用类型会对地表温度产生深刻的影响,而城市下垫面的温度是城市热岛的重要影响因素。研究分析城市地表温度与土地利用/覆被之间的关系,不仅能从热环境效应产生的根源上分析热岛特征及其效应,更能深入地理解土地利用/覆被变化下城市热环境的空间特征和动态变化。城市热环境的定量反演,对揭示城市的生态环境过程具有重要意义。本章介绍反演地表温度的方法,并分别从空间维度、时间维度和分形维度反演地表温度的空间格局和时序变化,探寻城市热环境的时空变化特征和规律性,并引入经验正交函数方法得到地表温度的平均时序特征。这些时空演化特征对于城市生态规划、城市环境评价及城市空间规划具有重要的意义。

4.1 地表温度的反演方法

1. 辐射传导方程算法原理

多数传感器探测到的是城市地表覆被的辐射温度,此时是将地表覆被视为黑体,未做大气校正,得到的结果是以像元为单位的平均地表温度。通常在城市热场的相关研究中,各类地物的比辐射率基本在 0.9 左右。因此直接用地表的辐射亮温来表示城市的热环境。通常 Landsat TM、ETM 数据是用灰度值来表示的。DN 值在 0～255,数值越大,则亮度越大。利用 Landsat5、Landsat7、Landsat8 遥感数据计算亮度温度要基于辐射定标,通过定标系数将 DN 值转化为对应的热辐射强度值,然后依据热辐射强度计算相应的亮度温度。DN 值转化为相应的热辐射强度的过程中,依据 Landsat 用户手册中提供的辐射校正参数和公式(表 4 - 1)。

表 4 - 1 热红外波段定标参数

传感器	热红外波段	GAINS	BIASES
TM	6	0.055	1.182 43
ETM(Band61)	6	0.037 058 8	3.2
ETM(Band62)	6	0.066 823 5	0.0
TIRS	10	3.3420E - 04	0.1
TIRS	11	3.3420E - 04	0.1

地表辐射能量的主要来源是太阳辐射。太阳辐射到达地面后,太阳能被地表吸收,地表逐步升温,然后地表辐射出热红外辐射能量,最后由卫星传感器接收热红外辐射的能量。在热红外遥感的地-气辐射传输过程中,传感器所接收到的热红外波段辐射能量 L_λ 主要由三个部分组成:大气上行辐射亮度 $L\uparrow$、大气下行辐射亮度 $L\downarrow$、地面的真实辐射亮度经过大气衰减后被卫星传感器接收的热辐射能量。假设地表与大气具有相同的朗伯体热辐射性质,则根据辐射传导方程可以得出与地表真实温度相同的黑体在热红外波段的辐射亮度 L_T。

$$L_T = [L_\lambda - L\uparrow - \tau(1-\varepsilon)L\downarrow]\tau\varepsilon \qquad (4-1)$$

根据普朗克公式的反函数,可以推导出地表的真实温度 T 的计算公式为

$$T = \frac{K_2}{\ln(K_1/L_T + 1)} \qquad (4-2)$$

式中,K_1、K_2 是常数,在地表辐射亮度计算过程中,针对不同的 Landsat 影像数据,K_1、K_2 的取值也不相同。

表 4-2　热红外波段亮温计算参数

传感器	$K_1 = W \cdot m^{-2} \cdot sr^{-1} \cdot \mu m^{-1}$	K_2/K
TM	607.66	1 260.56
ETM	666.09	1 282.71
TIRS10	774.89	1 321.08
TIRS11	480.89	1 201.14

辐射传导方程算法又称为大气校正算法,此算法通过一系列的大气辐射传输模型对地表温度进行反演。在本书中,则是根据实时的大气探空数据,估计大气地表热辐射的影响,并且从遥感器所得到的热辐射总量中扣除这部分的大气影响,从而得到真实的地表热辐射强度,最后可以把真实的地表辐射强度转化为相对应的地表温度。

2. 地表的比辐射率和温度反演

植被指数与植被的生物量、覆盖度、净初级生产力和冠层的叶面积指数有较强的相关性。常用的植被指数包括比值植被指数(ratio vegetation index)、差值植被指数(difference vegetation index)、正交植被指数(perpendicular vegetation index)、归一化植被指数(normailzed difference vegetation index)与增强型植被指数(enhanced vegetation index)。植被指数可以由卫星的 DN 值、辐射亮度值或者反观反射率来计算。但从理论上,表观反射率经过大气校正后能从本质上反映地物的辐射特性,因此本文采用反观反射率构建 NDVI。

由于 NDVI 是经过归一化比值处理的植被指数,可以部分消除与太阳高度角、卫星观测角、地形、云和大气条件有关的辐射照度条件变化等的影响。

利用 TM3 和 TM4 波段的反射率来求归一化植被指数 NDVI 的公式为

$$NDVI = (TM4 - TM3)/(TM4 + TM3) \qquad (4-3)$$

TM4 和 TM3 分别为近红外波段(波段 4)和红光波段(波段 3)。

在本书中,借助植被覆盖度 F_V 计算地表比辐射率。计算植被覆盖度 F_V 采用混合像元分解的思路,将整景影像的地类分为水体、植被和建筑。具体的计算公式如下:

$$F_V = \left[(NDVI - NDVI_S)/(NDVI_V - NDVI_S) \right] \qquad (4-4)$$

式中,NDVI 为归一化差异植被指数,令 $NDVI_V = 0.70$、$NDVI = 0.00$。并且当某个像元的 NDVI >0.70 时,F_V 取值为 1;当 NDVI<0.00 时,F_V 取值为 0。

综合研究成果,本书采取以下方法计算研究区地表比辐射率。地球表面的地表结构复杂,但从遥感影像数据的像元尺度来看,根据中国 1∶10 万的土地资源分类系统,可以将其大体分为 3 种类型:水体、建设用地、自然表面(植被)。水体的结构单一,包括河渠、湖泊、水库坑塘、滩涂,水体像元的比辐射率赋值为 0.995;建设用地主要包括城镇用地、农村居民点和其他建设用地;自然表面在遥感影像中占据的比例最大,结构复杂,以植被为主。植被和建筑像元的比辐射率估算则根据以下公式计算。

$$\varepsilon_{surface} = 0.962\,5 + 0.061\,4\,F_V - 0.046\,F_V^2 \qquad (4-5)$$

$$\varepsilon_{built} = 0.958\,9 + 0.086\,F_V - 0.067\,1\,F_V^2 \qquad (4-6)$$

式中,$\varepsilon_{surface}$ 和 ε_{built} 分别代表自然表面像元和城镇像元的比辐射率;F_V 为植被覆盖度。

3. 精度验证

利用遥感数据反演地表温度需要进行结果的精度验证,需要利用更高分辨率的温度数据来验证对比反演的地表温度的精确性和有效性。通常应当选取更高分辨率的数据或者卫星过境时的地面温度的实测数据,作为验证数据。在本书中,反演温度的数据为 Landsat5、Landsat7 和 Landsat8,更高空间分辨率的数据难以获取。所以为了评估反演区域温度的有效性,本书将研究区内的地表温度与当月的平均气温进行对比,比较偏差值是否在合理的范围内。本书共反演了从 2000 年到 2013 年的 22 景数据,不同年份间的地表温度反演数据,也具有相互验证的意义。

4.2 地表温度的时空演变

4.2.1 空间维地表温度

图4-1为南京市不同年份的反演地表温度空间分布图。从总体上看,中心城区的地表温度较高,从而与郊区的较低地表温度形成了强烈的对比。在空间分布格局上,地表温度总体上表现出中心城区较高、近郊稍低、远郊最低,由中心城区向近郊至远郊逐渐降低的趋势。水体分布区域,如长江流域和固城湖,地表温度相对较低。植被覆盖率高的林地和农田基本持续呈现明显的低温区。土壤水分含量较高的农田温度相对也较低,如南京南部区域。中心城区的工业、商业及居住密集区等成为热源的中心。中心城区的地表温度最高,成为南京市的强热源。如图4-1所示,中心城区的地表温度分布也有较为破碎和零散的状态。这种分布规律与城市下垫面格局的分布有相关性。由于下垫面的类型、功能差异等,城市中心城区内部的地表温度才会呈现出细节性的变化(宫阿都等,2007)。

从2000～2013年的地表温度反演数据看,南京市热岛效应的年际变化特征为总体在上升。在地表温度的空间分布区域上,热岛效应影响的区域范围逐步增加,但在2009年有减少的趋势。2000年4月17日的数据中,地表温度高值区仅为长江南部的红色小区域。在2006年4月2日和2007年5月7日的数据中,可以看出,该区域的空间范围显著扩大。在2009年、2010年和2013年的数据中,地表温度高值区的空间范围比2007年的数据有缩减,同时中心城区的热效应强度也有所下降。从南京市城市热岛效应的季变化特征来看,夏秋强度大,春冬较弱。主要原因是南京的春、冬季容易受到冷空气的影响,云量增多或者风速增大,热岛效应强度减弱。南京地区在秋季受到副热带高压的控制,风速较小而且云量少,从而导致热岛强度最大。在夏季,南京为雨水季节,雨量的增加造成了湿润的背景,城市对流明显下降,造成了局域的进一步增温的效应。

从郊区的高温区来看,在2000～2007年,北部郊区呈现了几处散点状的红色高温区,但从2009～2013年的地表温度分布图(图4-1)来看,北部郊区基本无高温区,南部郊区出现了若干红色地表温度高值。南京市中心城区周围的郊区的发展、大规模的工业化的实施以及郊区的招商引资、企业搬入搬出等因素的作用,导致了郊区高温图斑的增多或减少的变化。

南京城市热岛效应形成的原因,包括了地形、下垫面、气候、人为热和空气污染等因素(杨再强,2008)。从地形条件上,南京地处长江下游平原地区,地理位置为北纬31°14′～32°37′,东经118°22′～119°14′,长江横穿市域内,气候上属于暖温带

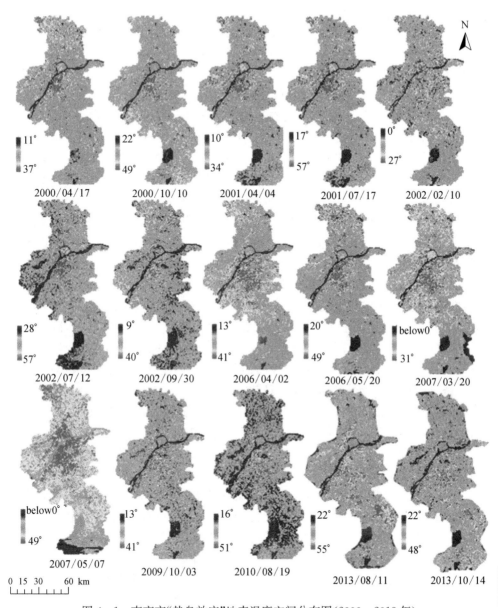

图 4-1　南京市"热岛效应"地表温度空间分布图(2000～2013 年)

向亚热带过渡的地带。市区西北方向面对长江,市区三面环山。因此东向海洋季风被东南群山阻挡,导致市区的热空气不易扩散,从而热岛效应明显。

在南京市中心城市的下垫面多以不透水面为主,与近郊栖霞、浦口和江宁,以及远郊的下垫面不同,郊区的下垫面由于人为干扰少,主要为土壤和植被。南京市中心城市由于人口密度大,下垫面多为水泥、柏油和混凝土等。不透水面的热容量大、导热率高,能吸收更多的太阳辐射,从而使得空气的热量更多,升温更高。另外,大量的人工建筑物,如建筑物墙体,也改变了城市的热环境空间结构。城市地表的含水量少,热量则直接以显热的形式进入到空气中,从而导致了空气升温。如在 2013 年 8 月 11 日的数据中,水体(长江流域、固城湖)的温度为 22℃,中心城区不透水面的最高温度达到 55℃,中心城区形成了巨大的热源。

杨再强利用 1992～2004 年的数据,定量计算出了气象因子(降水量、日照时数、风速、相对湿度)与热岛效应的关系(杨再强,2008)。结果得出热岛效应与风速呈负相关,与日照时数和降水量呈正相关。在所有的气象要素中,风速对于热岛的形成和消失影响最大。当风速较小时,空气对流作用弱,空气层结构相对稳定,城郊之间的地表温度差异才会显著,从而形成了热岛效应。当风速较大时,城市和郊区的空气对流作用强,在水平和垂直方向的混合作用都较强,空气层结构不稳定,则城市和郊区的地表温度差异不明显,热岛效应弱。城市热岛效应和气象因子中的日照时数呈现正相关关系。日照时数越长,则地表吸收了越多的太阳辐射,中心城区的下垫面为不透水面,具有导热率高和热容量大的性质,不透水面吸收和存储的热量越多,则市区空气升温越快,从而导致了城区的温度高于郊区温度。城市的热岛效应与降水量呈现正相关关系。南京中心城区有良好的排水设备,降水后雨水很快被排至地下。而在郊区,雨水会长时间地停留在地表,逐渐渗透到土壤中,然后蒸腾回大气。雨水蒸发过程本身就是冷却空气的过程。市区和郊区对于雨水蒸发过程的不同,导致了城郊的温度差异。

随着南京市城市建设的快速发展,城市中有大量的人为热源,包括工厂企业、燃料燃烧、汽车尾气、空调冰箱等,它们向空气中排放热量,进一步推高了空气温度。南京市商业和服务业的发展,使得商业密集区越来越多,人口密度大,这些区域建筑密集且高,热量不易散发。

空气污染也会加剧热岛效应,空气污染源主要包括:工业生产中排放到大气中的有烟尘、卤化物、碳化合物、硫的氧化物、氮的氧化物和有机化合物等;城市中的居民在生活中使用煤炭会产生大量的灰尘、二氧化物等;汽车、火车、飞机和轮船等交通工具燃烧煤或石油产生的废气也是重要污染物,主要包括一氧化碳、二氧化硫、氮氧化物和碳氢化合物等(杜培军等,2013)。这些污染物会形成雾障,使得地表热辐射和人为释放的热量被雾障阻挡在近地层面,产生温室效应,从而引起空气的进一步增温。同时,大气中可吸入颗粒物也受到下垫面的影响,绿色植被对于降低城市的可吸入颗粒物的浓度有重要贡献。

城市地表温度剖面分析是城市热环境分析中的一种有效方式,剖面信息有助于观察城市地表温度的总体特征和平面分布趋势。关键是剖面位置要具有典型性,剖线经过的区域能够反映区域的整体变化特征。图 4-2 是南京市 2009 年 10月 3 日以中心城区作为中心点,在东西、南北两个方向上延伸选取剖面。图 4-2

(a)为北向—中心城区地表温度剖线图,图4-2(b)为中心城区—南向地表温度剖面图,图4-2(c)列出的为东向—中心城区的剖面地表温度,图4-2(d)显示的为中心城区—西向的地表温度剖线。

地表温度的剖面线反映了地表温度场呈现出参差不齐的"高峰"与"低谷"形态特征。城市中心城区呈现明显的"高峰"形态,同时在中心城区的"高峰"值区,也存在上凸和下凹值。在图4-2(a)的北向—中心城区的剖面线中,低谷值对应的下垫面是长江流域。在图4-2(b)的中心城区—北向剖面线中,低谷剖面线对应的是城乡交界处的温度突变现象。图4-2(c)的东向—中心城区的低谷剖面线是城乡交界处。图4-2(d)的中心城区—西向的低谷值对应的下垫面也是长江流域。结果表明,下垫面(如绿地、水体、水泥、道路和建筑材料等)介质会影响地表温度的高低值分布,同时也会影响地表温度的梯度值变化。

城郊的地表温度剖面线总体上明显低于城区。城郊的剖面线同样呈现出了上凸下凹的起伏波动状态。在长江水域附近呈现出明显的水域低温,植被覆盖度高的区域也同样呈现出了低温带。图4-2(a)的城区地表温度高峰值比低谷的北部长江高出约8℃,郊区的地表温度高峰值比低谷的长江高约4℃。图4-2(b)的中心城区地表温度比南部低谷的城乡结合处高约8℃,郊区的地表温度比城乡结合处的地表温度高约2~4℃。图4-2(c)的中心城区地表温度比低谷的东部城乡结

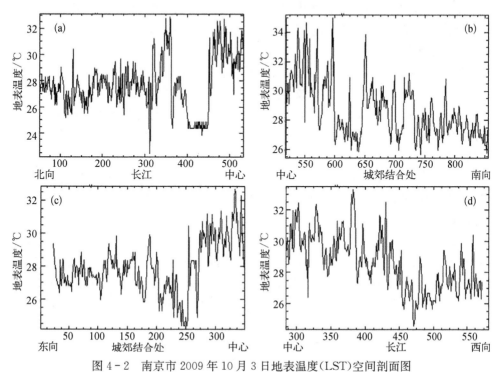

图4-2　南京市2009年10月3日地表温度(LST)空间剖面图

合处的地表温度高约8℃,东部郊区比城乡结合处的地表温度高约5℃。图4-2(d)的中心城区地表温度比低谷的西侧长江流域地表温度高约6℃,郊区的地表温度比低谷的长江流域地表温度高约2℃。

从整体上看,在图4-2(a)中的北向—中心城区方向剖面上,地表温度的变化幅度相对较小,变化频率较慢,说明在该方向剖面线上下垫面的结构类型较其他方向相对简单。其他方向剖面线的地表温度变化幅度较大,说明剖面线下垫面结构类型相对复杂。东西与南北方向的地表温度剖面表明,城市内部的第一梯度热场出现在城市中心地区,第二梯度热场为郊区,第三梯度热场梯度为城乡结合处,第四梯度的热场为长江流域地区。

城市"冷岛效应"是随着对"城市热岛效应"的研究而逐渐发展起来的,冷岛效应是指城市中的温度低于郊区温度的现象。冷岛效应最早是出现在观测沙漠绿洲和湖泊时发现的气象现象。随着城市化的发展,在城市大尺度的研究中,也逐渐发现了城市冬季白天存在冷岛效应(刘万军,1991)。图4-3中通过分析2002年10月24日、2002年11月9日、2002年12月27日、2003年1月28日、2004年2月8日、2004年11月22日和2004年12月8日的7景数据发现,在城市中心区域出现了冷岛效应,城市冷岛效应主要出现在冬季。总体上,长江沿线以南的中心城区范围的地表温度较低,与郊区稍高的地表温度形成了对比,从而形成城市的冷岛效应。如在2004年2月8日的图中,中心城区呈现出明显的冷岛效应,中心城区的北侧和南侧呈现出红色的高温区,温度约为22℃。中心城区地表温度为绿色区域,温度约为15℃。

城市内部的热中心未必一定出现在市中心,有时也与工厂等空间分布密切相关(陈云浩等,2014)。人为热排放可能也是造成城市热岛和冷岛的主要原因之一。分析表明,在排除人为热排放因素干扰的情况下,地表温度的程度主要取决于下垫面的性质,包括热惯量、热容量以及地表潜热通量。城市的柏油路面和屋顶材料为渗透性的材料,接收太阳短波辐射后,地表的潜热通量小、升温快。地表水域和植被受热后,则会以潜热通量的形式将太阳辐射热量散发出去,降低自身的温度,升温慢。除太阳短波辐射对下垫面的热辐射贡献之外,工业排放和民用采暖则是城市热岛效应和冷岛效应形成的重要因素。

城市冷岛效应是由大气中的颗粒物增加导致对太阳辐射有削弱作用而形成的(刘万军,1991)。工业和民用采暖,除了释放热量,同时也向大气释放大量的颗粒物。颗粒物会影响到达地面的太阳辐射。虽然工业和民用采暖也释放热量,但是不足以弥补太阳辐射到达地面所损失的热量,从而形成了城市区域冬季的冷岛效应。城市冷岛效应是空气污染导致的,但是反过来又加重了空气污染。因为太阳到达地面的热辐射量少了,城市中心区域的温度低于郊区的温度,抑制了城市中心区域的热对流,影响了热对流边界层的循环,城市区域的颗粒物不易扩散出去。进

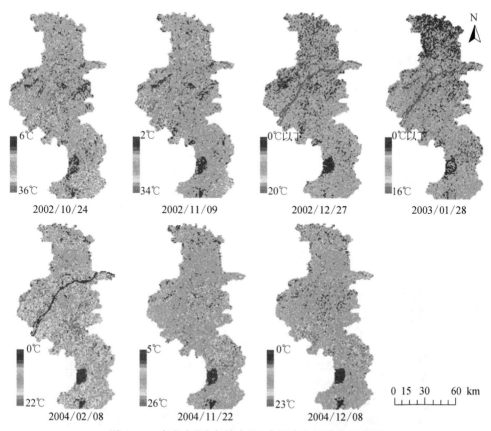

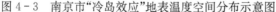

图 4-3　南京市"冷岛效应"地表温度空间分布示意图

一步又影响太阳辐射,使得城市变冷,增加燃料的燃烧,释放出更多的颗粒污染物。从而形成恶性循环。统计结果显示,冷岛效应的强弱与总悬浮微粒的浓度呈现出明显的正相关。因此控制冷岛效应的恶化应当以控制空气污染为源头。

　　图 4-4 为 2009 年 10 月 3 日,南京市地表温度的空间分布示意图。图 4-4(a)是地表温度的最大与最小值阈值分布,图 4-4(b)是地表温度空间分布示意图,图 4-4(c)是地表温度数据分布频率图谱。地表温度的主要分布为 27℃,最高地表温度为 41.23℃,最低地表温度为 13.52℃,最低温度出现在长江流域和固城湖水域范围。柯灵红等(2011)利用青藏高原东北部的 MODIS 地表温度重建,并与气温进行对比分析,结果得出原始反演的地表温度与 62 个气象站的最高气温一致性较好,相关系数可达 0.88,地表温度一般高于气温,平均偏差为 6.98℃。图 4-5 为 2009 年 10 月的平均气温,温度为 25℃。这里仅用气温与反演的地表温度做相对宽泛的精度对比。结果得出,利用 Landsat 数据通过辐射传输方程方法得出的地表温度值在合理的预期范围内。

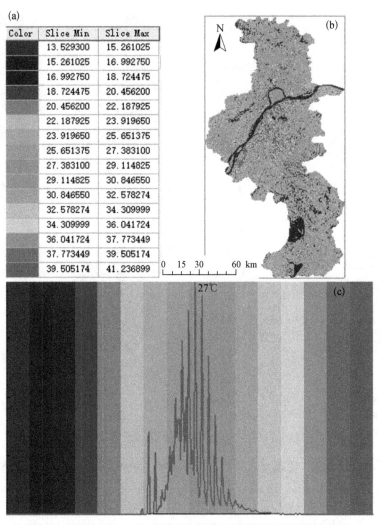

图 4 - 4　2009 年 10 月 3 日地表温度空间分布图和频率分布图

4.2.2　时间维地表温度

　　城市热环境研究的关键是不同区域之间地表温度的对比。在利用反演的地表温度数据分析热岛效应时,周淑贞等(1994)指出城市热岛可以从以下两个角度入手进行对比分析。

　　(1)同一时间城区与郊区的地表温度的对比。为了突出城市特征对地表温度的影响,在进行城市、郊区地表温度对比时,应当选择具有代表性和典型性的样点。

　　(2)同一样点在其城市化发展不同阶段的地表温度的对比。在城市发展过程

中的地表温度的变化,主要是由城市发展导致的下
垫面物理性质的变化引起的,但是同时也要考虑到
其他可能的因素的影响。

　　图 4-6(e)中,分别在南京市选择了 A、B、C、D
共 4 个样点,提取从 2000 年到 2013 年反演的 22 景
地表温度数据的时序线。图 5-6 左侧为 4 个样点
分布的空间示意图,A 点在中心城区范围内[图 4-6
(a)];B 点在近郊[图 4-6(b)];C 点在远郊[图 4-6
(c)];D 点也是远郊[图 4-6(d)],并且位于固城湖
附近。在 A 点的地表温度时序线中,最高温度约为
45℃,B 点的最高地表温度约为 40℃,其他温度整体
上相差并不显著。C 点为远郊,最高地表温度约为
36℃,其他时期的地表温度基本低于 30℃。总体
上,10 年的时序内,中心城区的地表温度比远郊的
地表温度高出 5℃以上。D 点为固城湖边点,最高地

气温

25℃

0　15　30　　60 km

图 4-5　2009 年 10 月南京市月
平均气温空间分布图

表温度约为 33℃。整体上,D 点的地表温度比 C 点低约 2℃。从以上数据可以看
出,城市的发展已经扩张至近郊,并且对近郊的地表温度造成了影响。到 2013 年
时,远郊地表受到的人为干扰相对较少,地表温度比中心城区低较多。由此可见,
远郊地表覆被仍以自然覆被为主,并且人为排放热较少。D 点的温度比 C 点低
2℃,主要是水体发挥的效应。

　　经验正交函数分析方法是一种分析矩阵数据中的结构特征、提取主要数据
特征量的方法。经验正交函数提取出了主要分量。提取出的前几个分量占有原
场内空间点所有变量的总方差的很大部分,这就相当于把原来场的主要信息浓
缩在几个主要分量上。因而研究主要分量随时间变化的规律就可以代替场的时
间变化研究,并且可以通过这一分析得出的结果来解释场的物理变化特征。经
验正交函数分析方法广泛应用于气象和气候研究。在这里,将经验正交函数的
方法引入地表温度的时序数据统计中,是为了得到 2000~2013 年地表温度数据
的最主要特征。

　　图 4-7(a)为经验正交函数的频率分布图,横坐标为从 2000 年到 2013 年的 22
景数据,纵坐标为从第一主分量到第二十主分量。图 4-7(b)更直观地表现出第一
主分量的振幅。图 4-7(b)横坐标为从 2000 年到 2013 年的 22 景数据,纵坐标为
地表温度,单位为℃,图中的曲线即为经验正交函数的第一主分量,占总方差的
80%以上。图中地表温度的最高点约为 37℃。其他点的地表温度基本在 27.5℃
上下浮动。对比图 4-6 中的曲线可以发现,第一主分量的值高于远郊温度,低于
近郊温度,基本为 A、B、C、D 四点的平均值。在图 4-6 中,近郊和远郊区域占南京

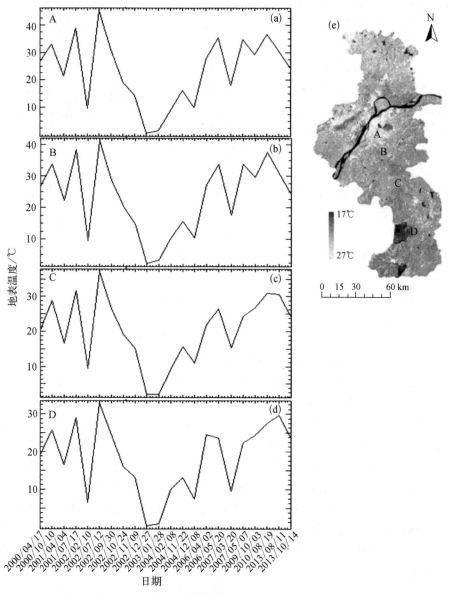

图 4-6　南京市地表温度时序规律分布图

市面积的一半以上,所以南京市的地表温度均值应在近郊和远郊值的中间。根据此结果可以得出:经验正交函数方法可以有效地应用于地表温度的统计中。第一主分量具有良好的代表性,可以表征总体地表温度的特征,并且结果具有有效性,得到的结果基本是地表温度的均值。

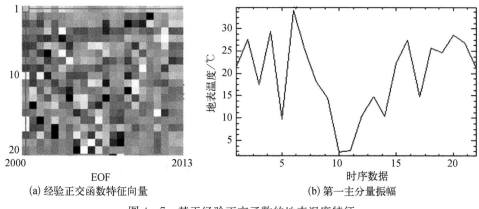

(a) 经验正交函数特征向量　　　　　　(b) 第一主分量振幅

图 4-7　基于经验正交函数的地表温度特征

4.2.3　分形维地表温度

1967 年，Mandelbrot 在 *Nature* 上发表了题为"英国的海岸线有多长"的论文，从而标志着分形概念的产生（Mandelbrot，1967）。1875 年，德国数学家 Weierestras 构造出了处处连续、但是处处不可微的函数。1977 年 Mandelbrot 发表了文章《分形，形式，机遇与维度》（Mandelbrot，1977），1983 年其又发表了《自然界的分形几何》（Mandelbrot，1983），从而标志着分形理论的进一步成熟。

分形理论在城市地理中的应用主要包括以下几个方面：在城镇等级规模分布中的分形研究；城市体系空间结构与空间相互作用中的分形研究；城市边界形态和城市人口的分形研究；城市化的分形评价（秦耀辰和刘凯，2003）。在城市等级规模分布的研究中，城镇等级规模分布揭示了一定区域内城镇规模的分布规律，反映了城镇从小到大的序列与规模关系（陈勇和艾南山，1994）。对于给定的一个区域，其中分布着若干聚落，由于城市和乡镇之间并无明确的区别，从而用人口尺度 r 来度量。改变人口尺度，则区域内城乡的数目也会有变动。在城市体系空间结构的分形研究中，刘继生和陈彦光（2000）对城市体系的空间结构进行了分形，构造出了中心城市的吸引力模型。城市边界形态和人口分布也同样具有分形特征。基于中心地假设，证明了人口的分布区位和城市分形存在着一定的关系，由此提出了关于区域人口运动和城市演化的基本原理：信息熵原理、异速增长原理和 Logistic 发展原理等分形理论，并应用于城市化发展的评价中（刘继光和陈彦光，2002）。

本书中的分形，主要指的是城市聚集的分形。如果从飞机上观察一座城市，会发现整座城市犹如一大块墨迹。当飞机向下时，我们的视角变得清晰，中央较大的墨点周围还分布着无数的小墨点。更近一些会发现，小墨点逐渐扩散，并且更加清晰。富兰克林曾经用计算机计算柏林城市聚集的分形研究，在离中心位置不同的点,数量是不一样的,点的数量 $N(\rho)$ 与离中心距离 ρ 之间存在双曲函数关系,经过 $N(\rho) \propto \rho^D$ 双对数变换,即可得到城市聚集的分维值(陈勇和艾南山,1994)。分形能够描述城市的聚集程度。当把南京作为一个研究区时,地表温度的高值、低值和平均值只有一个,当对南京市进行分区,分为中心城区(鼓楼区、玄武区、建邺区、秦淮区和雨花台区)、栖霞区、浦口区、江宁区、六合区、溧水区和高淳区时,能得到各个小分区的地表温度分布的高值、低值和平均值。

城市热岛强度通常用城市热岛中心的地表温度与同时间临近郊区的地表温度的差值来表示。如表 4-3 所示,将南京市分区为中心城区、江宁区、栖霞区、浦口区、六合区、溧水区和高淳区,分别统计各时期地表温度数据的分布频率,将频数最高的地表温度数据作为该地区地表温度的代表值,依次来对比南京市各分区在 10 年的时间里地表温度的特征和变化规律。

表 4-3　南京市分区反演地表温度数据统计表　　(单位:℃)

区位 日期	中心城区	江宁区	栖霞区	浦口区	六合区	溧水区	高淳区
2000/4/17	25.38	23.41	24.12	23.96	24.48	22.96	22.37
2000/10/10	32.63	30.74	31.02	31.77	31.02	31.74	31.73
2001/4/4	22.00	20.00	20.28	20.29	19.98	18.80	16.71
2001/7/17	35.43	31.67	33.34	32.04	31.35	31.58	29.60
2002/2/10	11.16	10.60	11.12	11.00	10.77	10.61	10.32
2002/7/12	41.33	36.16	40.56	36.15	35.53	37.60	35.98
2002/9/30	29.62	28.00	27.75	29.55	28.34	27.84	26.34
2002/10/24	20.90	20.01	19.68	20.65	20.03	20.09	20.80
2002/11/9	15.98	15.97	15.88	16.43	16.43	15.87	16.18
2002/12/27	2.11	2.57	2.30	2.60	1.92	2.61	2.00
2003/1/28	3.18	3.20	3.20	3.40	2.03	2.78	2.00
2004/2/8	11.74	12.60	12.34	12.65	11.66	12.18	12.10
2004/11/22	16.53	16.71	16.12	16.26	16.33	17.11	16.60
2004/12/8	11.85	11.71	11.98	11.97	11.40	11.82	11.40
2006/4/2	27.31	26.00	24.74	25.24	24.80	23.96	23.08
2006/5/20	32.30	30.65	30.27	30.68	31.67	30.00	30.62
2007/3/20	18.14	16.71	17.72	17.06	16.60	16.02	15.02
2007/5/7	33.74	29.65	30.30	29.87	30.43	28.51	26.00
2009/10/3	28.56	27.37	28.14	27.41	27.21	27.20	27.16
2010/8/19	34.22	30.52	32.68	30.60	29.75	29.63	29.54

2000~2010 年,在夏秋季,中心城区普遍呈现出高于近郊和远郊的地表温度;在冬季,中心城区的地表温度小于或接近于近郊和远郊的地表温度,如 2002 年 11

月 9 日、2002 年 12 月 27 日、2003 年 1 月 28 日、2004 年 2 月 8 日、2004 年 11 月 22 日和 2004 年 12 月 8 日。中心城区与近郊(江宁区、栖霞区和浦口区)和远郊(六合区、溧水区和高淳区)在有些年月地表温差较大,高至 5℃,如 2002 年 7 月 12 日、2007 年 5 月 7 日和 2010 年 8 月 19 日。在某些年月相差较小,如 2006 年 5 月 20 日和 2009 年 10 月 3 日,低至 1℃。而从总体上看,近郊与远郊地表温度差异不是特别显著,基本上在 1℃左右。通过对比发现,地表温度总体上中心城区最高,近郊次之,远郊最低。这表明,离中心城区越远,城区与郊区的温差越大,城市热岛效应越显著。近郊区与中心城区的位置相对较近,处于城市的扩展区,各种覆盖类型交错分布,下垫面复杂,比远郊的地表温度稍高。

　　对比不同年份的南京市地表温度数据,发现南京市的热岛效应于 2000～2006 年呈现增强趋势,2006～2010 年呈现减弱的趋势。2000 年 4 月 17 日,南京中心城区地表温度为 25.38℃;2001 年 4 月 4 日,南京中心城区地表温度为 22℃;在 2006 年 4 月 2 日,南京中心城区地表温度为 27.31℃。从 2000 年到 2006 年,热岛效应增强。2000 年 10 月 10 日南京中心城区的地表温度为 32.63℃,而 2009 年 10 月 3 日其地表温度为 28.56℃,2009 年地表温度有减弱的趋势。对比同时期的近郊区和远郊区,也可发现相同的规律,但是远郊的增温幅度小。2000～2006 年的增温幅度大,主要是因为中心城区的人为作用增大,工业生产等过程造成的人为热排放增加,城市下垫面的物理性质变化等均导致增温效应日益明显。城市扩张导致了近郊下垫面物理性质的变化,其增温效应也显著。远郊多数为自然地表、农田、植被和水体等分布的面积大,下垫面的类型相对均一而且稳定,故温度变动相对较小。在 2007～2010 年,地表温度增温相对变小,此时城市化导致城市空间布局扩大,但是中心城区的热岛效应得以减缓。

4.3　小　　结

　　本章利用 2000～2013 年的 Landsat 数据反演了南京市的地表温度,并且从时间维度、空间维度和分形维度分别分析了地表温度的空间格局和特征。

　　首先,利用多期的 Landsat 数据,对比分析了不同年际的南京地表温度的空间格局,着重分析热环境对于城市东南西北轴线的依赖。

　　其次,分别从南京中心城区、近郊、远郊和湖边远郊点,提取出 22 景地表温度的时序线,将针对城市热环境的空间格局分析拓展至时间形态,并进一步提出利用经验正交函数的方法来提取该地区的地表温度平均特征曲线。

　　最后,在分形维度上,细致刻画地表温度的细节特征,对于解释城市热环境时空运移规律,提供了详细的数据支撑。也为第 5 章城市热环境效应因素分析奠定了基础。

第5章　城市热环境效应响应与调控

对城市热环境进行研究是非常有意义的,理解和预测城市地表温度的动态需要理解地表能量平衡和地表物理性质的时空变化过程。因此,需要利用遥感的手段来获取地表特征的观测值和地表能量流动的估计值。城市反射特性是城市环境条件的决定性因素。地表反射率是能量流动的最重要因素,但是反射率通常受湿度和温度的影响。地表温度和反射率的关系提供了关于能量流动和地表物理性质的信息,它们是地表能量平衡的关键性要素。

本章利用反演的地表温度来表征地表能量的流动过程,利用不透水面—植被—黑体端元解混出地表的物理特征,并对地表温度与不透水面—植被—黑体端元进行定量的线性拟合和地理加权回归,分析其相关程度。进一步考虑其他可能对地表温度有影响的因素,如景观指数、人口和降水。分析地表温度对不同因素的响应程度。

5.1　绿色植被与热环境的响应

城市绿地是城市生态系统中的重要组成部分,在改善城市生态环境方面起着积极的作用,同时也成为衡量城市生活质量的一个重要指标。植被指数是无量纲的、利用叶冠的光学参数提取的。植被指数的设计是基于经验或半经验的,目的是建立适用于地球上植被量观测的一个普适性指标。通常利用红色可见光通道和近红外光通道来计算植被指数。

Hui 和 Huete 在利用植被冠层辐射传输模型 SAIL 敏感性分析中发现,土壤和大气对于 NDVI 的影响并不是独立的(Hui and Huete,1995)。大气引起的NDVI 噪声在土壤的背景下十分明显,但是土壤对 NDVI 产生的噪声则随着大气气溶胶含量的增加而降低。土壤和大气对 NDVI 的影响是消除了其中一个的影响,则可能增加了另外一个的影响。因此,引入了反馈项对两者同时进行修订,即为增强型植被指数(enhanced vegetation index,EVI),利用土壤背景调节系数 L 和大气修正参数 C_1、C_2,同时减少土壤和大气的作用。

$$\mathrm{EVI} = \frac{\rho_{\mathrm{NIR}} - \rho_{\mathrm{R}}}{\rho_{\mathrm{NIR}} + C_{1\rho\mathrm{R}} - C_{2\rho\mathrm{B}} + L}(1 + L) \tag{5-1}$$

图 5-1 中的横坐标为植被指数 EVI,纵坐标是反演的南京市地表温度。选取

热岛效应较明显的日期的影像,摒弃了城市"冷岛效应"的数据。图 5-1 中,地表温度最高值随植被指数的增加而降低,主要原因是随着植被覆被的增多,蒸腾作用会使地表温度下降。地表温度的最低值左侧随着植被指数的降低而增加,主要原因为随着植被指数的下降,下垫面的主要特征为不透水面,不透水面区域升温快。地表温度最低值的右侧则随着植被指数的增加而保持不变,主要原因为此时的区域为混合像元,而地表温度除了取决于 EVI 值的高低,还可能与土壤的湿度有关(Huete et al.,1985)。EVI 等植被指数往往与地表植被的丰度存在非线性关系,事实是不同的植被指数与地表温度的拟合往往出现不同的结果(Asrar et al.,1985),而且植被指数还会被潜在的土壤反射率影响(Huete,1986)。

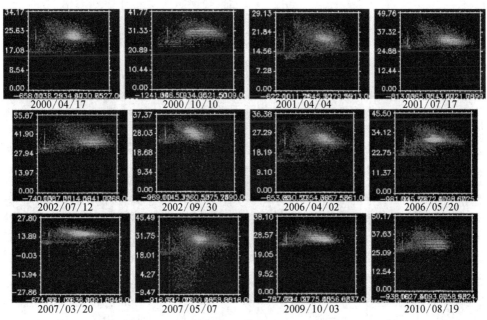

图 5-1 南京市地表温度与植被指数二维散点拟合图

注:纵坐标为地表温度,单位为℃;横坐标为植被指数。

周媛等(2011)研究结果表明,以沈阳市三环作为研究区域,地表温度 LST 与植被指数 NDVI 具有明显相反的变化趋势,LST 与 NDVI 的相关性随着空间尺度变化呈现出先增加后降低再逐渐增加的趋势。马伟等(2010)选取北京市作为研究区,利用 TM 单窗算法反演地表温度,并估算了 5 种植被参数,即归一化差值植被指数(NDVI)、比值植被指数(RVI)、绿度植被指数(GVI)、土壤调节植被指数(MSAVI)和植被覆盖度(Fv),结果表明对比上述植被参数,植被覆盖度(Fv)与地表温度有更好的负相关性,对地表温度的空间分布的指示能力更好。

在图 5-2 中横坐标为植被丰度,纵坐标为南京市反演的地表温度,日期为从

2000 年到 2010 年，共 20 景数据。图 5-2 中反演的地表温度结果既包括热岛效应也包括冷岛效应。从总体上来说，地表温度与植被丰度呈现负相关。在夏秋季（热岛效应明显的季节），地表温度与植被丰度的负相关更明显。在春冬季城市冷岛效应较明显的日期，如 2002 年 12 月 27 日、2003 年 1 月 28 日和 2004 年 2 月 8 日，地表温度与植被丰度的负相关关系不明显。最高的地表温度通常对应较低的植被覆被。通常，水体比植被覆被对应更低的地表温度，但是有时高植被覆被区的地表温

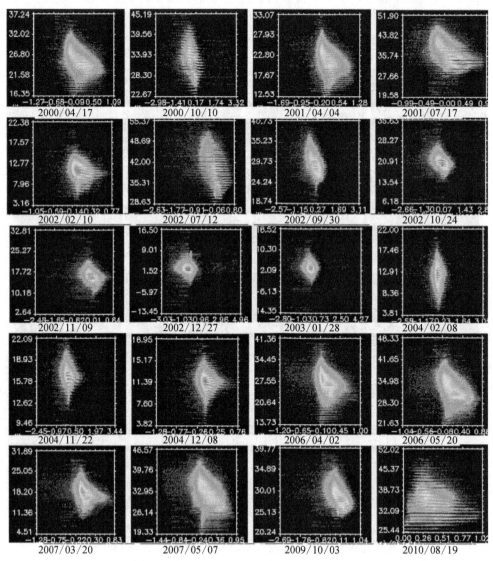

图 5-2　南京市地表温度与植被丰度二维散点拟合图

注：纵坐标为地表温度，单位为℃；横坐标为植被丰度，单位为％。

度接近水体。在图 5 - 2 中,最高的地表温度随着植被丰度的增加而降低。最低地表温度左侧的线性相关线随着植被丰度的降低而升高,最低地表温度右侧的线性相关线则是随着植被丰度的升高而升高(Small,2006)。

　　在图 5 - 2 中,比较奇怪的一个现象是最低地表温度右侧的线性相关线随着植被丰度的升高而升高。植被是周围空气温度的热量平衡源,湿的土壤有较大的热吸收能力,增加的植被盖度应该能够降低混合像元中的地表温度。在一个有大面积水体和土壤分布的区域,最低温度随着植被丰度的增加变化很小,因为完全湿润的土地有足够的热通量去吸收辐射和通过蒸发作用保持均衡量。在干旱和半干旱的环境中,没有足够的土壤湿度去达到水体的热通量,所以其最低地表温度不仅仅比水体的温度高很多,而且会随着植被丰度的增加而降低。另外一种情况是,植被丰度是增加的,地表温度的增加主要是受植被附近区域的不透水面低反射率和低反射率丰度的影响而造成的。

5.2　城市不透水面的热环境效应分析

　　城市不透水面是城市下垫面的重要组成部分,也是引发城市热岛效应的主要因素。彭文甫等利用成都三环路内 Landsat ETM 影像进行的研究结果表明,地表温度随着与市中心区的距离的增大而降低,同时不透水能力也降低;地表温度与不透水面之间存在着正相关关系,相关度为 0.725 3。等透水面线的空间分布对等温线具有显著的响应规律(彭文甫等,2010)。在唐菲和徐涵秋等的研究中,为了对比不透水面与地表温度的定量关系,选取了上海、广州、北京、长沙、兰州和福州 6 个区域作为样本,结果表明:不透水面与地表温度呈现明显的正相关关系,并且以指数函数为最佳拟合函数,回归方程的相关系数在 0.75 以上,最高达到 0.951。高不透水面丰度区域比低不透水面丰度区域高出 0.6~1.7℃(唐菲和徐涵秋,2013)。杨可明等的研究结果表明:利用北京市海淀区 Landsat TM 数据,城市不透水面的空间分布和变化趋势与地表温度之间存在明显的一致性,两者相关系数达到 0.752 5,表明城市不透水面信息可以很好地反映城市热环境的空间分布状况(杨可明等,2014)。

　　在图 5 - 3 中,横坐标轴为南京市地表不透水面丰度,纵坐标为反演的地表温度。数据为从 2000 年到 2010 年的 20 景 Landsat TM/ETM 反演结果。从总体上看,地表温度与不透水面丰度呈正相关变化的规律,说明了地表的物理性质和过程影响地表的能量平衡。从整体上,地表温度随着不透水面丰度的增加而增加,但是最大地表温度和最小地表温度的增加速率是不同的。最低温度与不透水面丰度的线性相关线是随着不透水面的丰度增加而单调增长的,但是在地表温度中间值某处停止。最高地表温度左侧的线性相关线随着不透水面丰度的降低而降低。最高

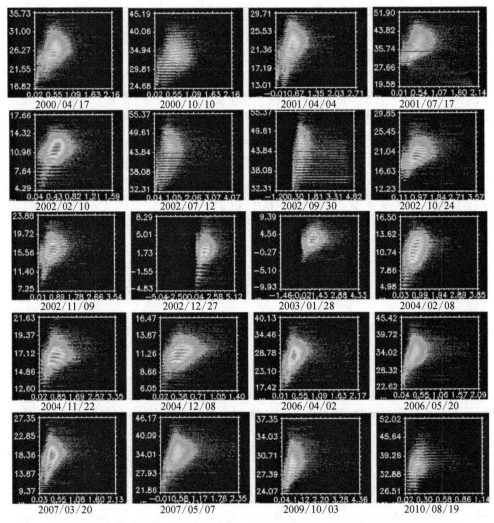

图 5-3 南京市地表温度与不透水面丰度二维散点拟合图

注：纵坐标为地表温度，单位为℃；横坐标为不透水面丰度，单位为％。

温度与最低温度的斜率在地表温度的中间值某处重合。最高地表温度右侧的线性相关线随着不透水面丰度的增加而降低，这个现象比较反常。

在图 5-3 中，温度最低的通常是水体。通常的假设情况是地表温度的增加是由于植被丰度和阴影的减少，以及不透水面的增加，因为不透水面的升温速度比植被和水体要快。同时在图 5-3 中有一个很奇怪的点是，最高的地表温度右侧的线性相关线是随着不透水面丰度的增加而降低的。这个或许可以解释为是由混合像元中总反射率的增加和土壤湿度的改变造成的。例如，地表温度最高的区域通常是亮的干燥的低反照率地表（黑土或不透水面）。因为不透水面端元在所有波段上都是亮的,并存在反射折射现象。所以在混合像元中增加了不透水面的丰度,降低了其他纯净像元的丰度。当对降低的地表温度与增多的不透水面丰度做线性回归时,出现的负相关是地表能量的吸收和反射造成的偏差。同时,不透水面对应的最低温度的地表通常是湿润表面。最低地表温度一般随着土壤湿度而变化,出现可见光通量的增加和阴影的减少,直到最大温度与最小温度形成交点(Small,2006)。

5.3　黑体的热环境效应

城市水体是城市地表重要的要素之一,与其他城市下垫面的性质有显著差异,对城市热环境的影响体现在以下几个方面:第一,水体的热辐射能力比城市的不透水面要小得多;第二,水体的热存储能力大,从而降低了热交换;第三,面积较大的水体形成了局域循环和局部小气候,从而改变了城市的热量传输方式(Wilson et al.,2003;岳文泽,2005)。徐涵秋研究表明,以福州市为研究区,城市水体对城市地表具有降温作用(徐涵秋,2009)。曹璐等研究结果显示,地表温度与改进的归一化差值水体指数(modified normalized difference water index,MNDWI)呈现出明显的线性相关关系(曹璐等,2011)。胡云以上海市外环以内的区域作为研究对象,分析了不同类型水体与地表温度的关系,得出港口码头的平均温度最高,其次是滩涂、池塘、河流和水产养殖用地,湖泊的平均温度最低(胡云,2013)。曹敏洁等研究结果得出,在珠海区域,地表温度与水体指数 MNDWI 呈现出负相关关系,海洋等大面积的水体对于调节珠海城市的地表热环境起到了重要作用。水分的蒸发可以吸收大量的相变潜热,从而调节周边温度的增减速率,通过改变局域小气候而改变城市的热环境(曹敏洁等,2013)。

图 5-4 中的横坐标为南京市的地表黑体的丰度,纵坐标为反演的地表温度。地表温度随黑体丰度的变化多数呈现出了略负相关的关系,但是部分年月也呈现出了无相关关系,如 2002 年 11 月 9 日、2002 年 12 月 27 日、2004 年 11 月 22 日和 2004 年 12 月 8 日。黑体端元可以代表水体、阴影和低反射率的表面(透水面或者不透水面)。当黑体端元代表水体时,地表温度通常是较低的,因为水体具有高热存量和热惯量。当黑体端元代表可吸收的低反照率表面时,地表温度随着黑体丰度的增加而增加,因为有更多的可吸收热量的地表存在。当黑体代表阴影时,地表温度受阴影像元中或者像元外的其他因素影响。植被下的阴影通常比不透水面(如岩石、土壤)的阴影要低很多,因为植被通过蒸腾作用抵消掉了吸收的热量。尽管黑体信息是模糊的,但是地表温度与黑体的二维散点图仍呈现出一些有效的信息。因为二维散点图在不同方向上的分布体现出了低反照率、水体和阴影的竞争性影响。要区别黑体是低反射率、水体还是阴影,可以利用两个不同类型处于对比性环境的城市区域来进行进一步的对照(Small,2006)。

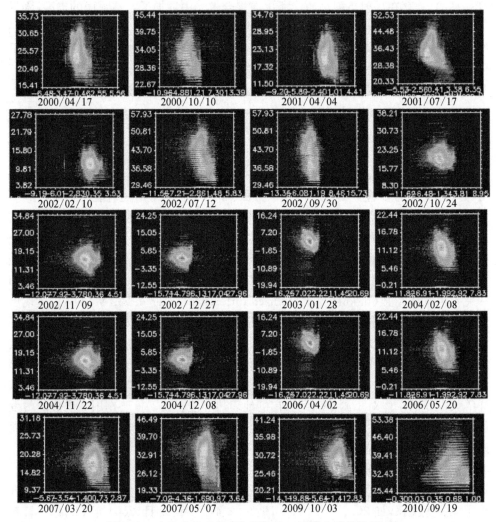

图 5-4　南京市地表温度与黑体的二维散点图线性拟合

注：横坐标为地表温度，单位为℃；纵坐标为黑体丰度，单位为%。

5.4　基于地理加权回归的地表温度与SVD拟合

5.4.1　地理加权回归方法

最小二乘回归，也就是全局回归，当描述的地理值随着空间变动时容易产生误差(Clement et al.，2009)。地理加权回归是传统的全局回归(最小二乘回归)的延展，因为它允许局部回归，而不是全局的参数估计(Fotheringham et al.，2001)。

这些估计值,可以呈现出变动的空间关系,有助于检测局域的空间关系,并且有助于理解空间模式中隐藏的一些可能因素。Stewart Fotheringham 在总结局域回归分析和变参数研究的基础上,提出了基于局部光滑的思想,提出了地理加权回归(Fotheringham et al.,1996)。Brunsdon 等用地理加权回归模型研究疾病的空间分布规律,结果验证了地理加权回归比普通的全局回归方程的残差要小得多(Brunsdon et al.,1996)。Ivajnšič等利用地理加权回归模型研究了小城市的城市热岛的空间变化情况和城市热岛效应的相关驱动因素(Ivajnšič et al.,2014)。Zhang 等利用地理加权回归模型构建树木的高度与直径的局域回归关系,从而得出树木在竞争的环境中的生长变化(Zhang and Shi,2004)。覃文忠等应用地理加权回归的方法研究上海市住宅,得出平均价格的空间分布特征。本书在 Arcgis10中 ArcToolbox 利用地理加权回归模型(覃文忠等,2007)。

　　地理加权回归模型在全局回归模型的基础上,产生一个局部的回归方程。这面的模型可以改写为地理加权回归的模型:

$$y_i = \beta_0(u_i, v_i) + \sum_k \beta_k(u_i v_i) x_{ik} + \varepsilon_i \tag{5-2}$$

式中,(u_i, v_i) 代表第 i 个点的坐标位置;$\beta_0(u_i, v_i)$ 代表第 i 个样点的第 k 个回归参数;ε_i 是第 i 个样点的随机误差。

　　依据"靠近位置 i 点的数据,比距离 i 点位置远的数据将对 $\beta_k(u_i v_i)$ 的估计产生更深远的影响"(Fotheringham et al.,1996),利用加权最小二乘法估计参数,得到:

$$\hat{\beta}(u, v) = [\boldsymbol{X}^{\mathrm{T}} W(u, v) \boldsymbol{X}]^{-1} \boldsymbol{X}^{\mathrm{T}} W(u, v) y \tag{5-3}$$

式中,$\hat{\beta}(u, v)$ 代表 β 的无偏估计;$W(u, v)$ 是权重函数保证距离具体点近的观测值能够有更大的权重量。

　　这里权重函数也称为核函数,可以用指数距离反函数的形式来表达:

$$W_{ij} = \exp\left(\frac{d_{ij}^2}{b^2}\right) \tag{5-4}$$

式中,W_{ij} 代表相对于 i 点,观测值 j 点的权重;d_{ij} 代表 i 点与 j 点之间的欧几里得距离;b 是核带宽。如果观测点 j 与 i 点重合,那么 j 点的权重值是 1;如果 i 点与 j 点的距离大于核带宽,那么权重会被设置为 0。

　　地理加权回归对于带宽的选择很敏感,所以带宽的确定是地理加权回归分析中的关键。

1. 交叉验证方法(cross-validation,CV)

Cleveland(1979)和 Bowman(1984)建议采用局域回归分析,该方法的表达

式为

$$CV = \sum_{i=1}^{n} \left[y_i - \hat{y}_{\neq i}(b) \right]^2 \qquad (5-5)$$

式中，$\hat{y}_{\neq i}(b)$ 是 y_i 的拟合值，在方程刻画的过程中，省略了点 i 的观测值。这样有利于当 b 变得很小时，模型仅仅刻画点 i 附近样点，但没有包括 i 点本身。

2. AIC(Akaike information crterion)准则

提出了利用极大似然原理的估计参数的方法，称为 Akaike 信息量准则：

$$AIC = -2\ln L(\hat{\theta}_L, x) + 2q \qquad (5-6)$$

式中，$\hat{\theta}_L$ 为 θ 的极大似然估计；q 为未知参数的个数。

Brunsdon 等（Brunsdon et al.，2002）和 Fotheringham 等（Fotheringham et al.，2003）在 Hurvich 等（Hurvich et al.，1998）的研究基础上进一步优化了地理加权回归分析的权函数带宽的选择，公式为

$$AICc = 2n\ln(\hat{\sigma}) + n\ln(2\pi) + n\frac{n + \mathrm{tr}(S)}{n - 2 - \mathrm{tr}(S)} \qquad (5-7)$$

式中，$AICc$ 表示修正后的 AIC 的估计值；n 是样点的大小；$\hat{\sigma}$ 是误差项估计的标准离差；$\mathrm{tr}(S)$ 是 GWR 的 S 矩阵的迹，它为带宽函数。在本书中，带宽方法选择的是 $AICc$。

5.4.2 LST 与植被的地理加权回归拟合

图 5-5 是南京市 2009 年 1 月植被与地表温度的地理加权回归拟合图，其中地表温度（land surface temperature，LST）为因变量，植被丰度为自变量。在地理加权回归的方法中，Local R^2 相关系数和标准残差提供了观测数据拟合关系优劣的判断标准。Local R^2 的值从 0 到 1，表明了局部回归模拟适合观测值的程度，值越小表明局部回归模型拟合结果越差。残差是观测值与预测值之间的差值。标准残差的平均值是 0。

在图 5-5 中，Local R^2 和标准残差表明，在中心城区两者具有较好的拟合效果。图 5-5(b)中，中心城区范围回归系数为负值，表示地表温度与植被丰度呈负相关关系，即为较低的植被丰度对应较高的地表温度。回归结果的优劣与回归系数的空间分布如图 5-5 所示，在图 5-5(a)中，较高的 Local R^2 值代表着较强的相关性，主要分布于南京的中部区域，即中心城区和近郊的位置；较低的 Local R^2 值代表着相对弱的地理线性相关性，主要分布在南、北等远郊的位置。在中心城区的位置，植被丰度与地表温度呈现出更强的负相关性；在远郊的位置，植被丰度与地表温度呈现出相对弱的负相关性。这个结果表明距离中心城区的远近对于植被丰

度与地表温度的关系有重要的影响。尽管残差的正值代表高预测值,负值代表了低预测值,但是从整体上看,标准残差呈现随机分布的模式,而且残差绝对值小于4,模型整体的拟合效果较好[图 5-5(c)]。

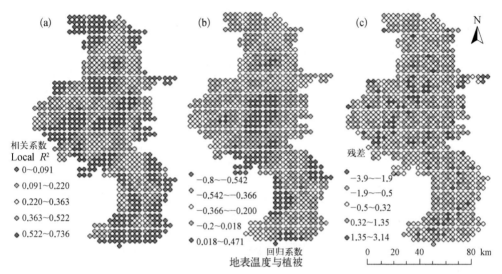

图 5-5 南京市 2009 年 10 月 LST 与植被地理加权回归拟合图

5.4.3 LST 与不透水面的地理加权回归拟合

图 5-6 为南京市 2009 年 10 月地表温度与不透水面的地理加权回归拟合,其中地表温度为因变量,不透水面丰度为自变量。在图 5-6(a)中从 Local R^2 的空间分布图看,较大的 Local R^2 主要分布在南京市的中心城区和南部远郊的位置,表明在中心城区和南部远郊,不透水面与地表温度呈现强正相关。在北部远郊,地表温度与不透水面则呈现相对弱的正相关关系。在图 5-6(b)中,地表温度与不透水面的拟合系数均为正数,表明两者呈现显著的正相关关系。图 5-6(c)中标准残差(即观测值与预测值之差)的绝对值多数小于 1,表示模型的拟合效果非常好。

在城市的中心区域,Local R^2 的最大值为 0.760,地理加权回归的拟合系数最大值为 1.045,表明地表温度与不透水面在中心城区呈现强正相关关系。不透水面丰度对于地表温度的升温较其他因素有更多的贡献和更大的影响。对比利用全局回归方法和利用地理加权回归方法研究土地覆被与地表温度的差异(Su et al.,2012),结果得出,地理加权回归的方法呈现出了空间上的非稳定性相关关系,利用地理全局回归和地理加权回归的方法预测台湾桃园地区的地表温度,分别为2.63℃ 和 3.17℃,从而表明全局回归的方法低估了热岛效应的影响。① 地理加权回归的方法强调模型参数的局部回归,通过适应空间非稳定性,地理加权回归能够反映局部回归关系,这种局部关系在全局分析中可能是被忽略的;② 土地覆被与地表温度的空间非稳定性关系对于婴儿和老年等对于热岛效应敏感的人群具有重要意义。地表热岛效应定义为城区和郊区的温度差,从图 5-6 中可以看出,在基于地理加权回归的分析中,地表温度与不透水面丰度在中心城区呈现强负相关关系,在郊区呈现出弱的负相关关系和拟合关系。这个结果表明,如果利用全局回归的方法,可能低估了在中心城区区域不透水面与地表温度的负相关性,从而低估了地表温度的预测值。那么利用全局回归的方法去分析地表温度和不透水面丰度的关系,很可能误导温度移民的政策,从而增加对病人、婴儿和老人等对高温敏感的人群患病风险。

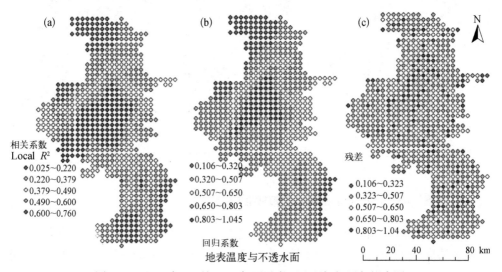

图 5-6　2009 年 10 月 LST 与不透水面地理加权回归拟合图

5.4.4　LST 与黑体的地理加权回归拟合

图 5-7 为南京市 2009 年 10 月地表温度与黑体丰度的地理加权回归拟合图,其中地表温度为因变量,黑体丰度为自变量。在 Local R^2 的空间分布图中(图 5-7a),较大的 Local R^2 分布在中部和南部,即为长江和固城湖的位置,Local R^2 的高值达到 0.537,表示地表温度与黑体具有很好的拟合效果。在图 5-7(b)地表温度与黑体的拟合系数空间分布图中,对应于中部和南部的位置,系数均为负值,为 -1.64,表明地表温度与黑体呈现明显的负相关关系。图 5-7(c)中,标准残差的空间分布图呈散点式分布,绝对值小于 4,表示地理加权回归模型的拟合效果较好。从拟合结果看,长江和固城湖的大面积水体在南京区域范围内与地表温度呈现显著的负相关关系,对于调节地表温度有明显的作用。在长江沿线,地理加权回归的系数为显著负值,形成了地表温度与黑体负相关关系最强的条带,阻碍了东西

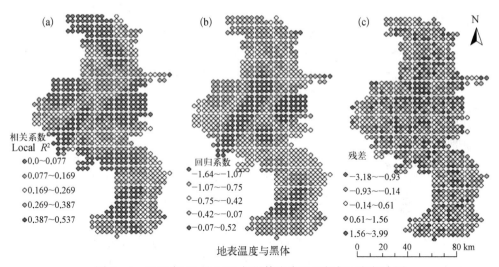

图 5-7　2009 年 10 月 LST 与黑体丰度地理加权回归拟合图

沿岸的热量传输,缓解了城市的热岛效应。同时从拟合结果看,水域对于热环境呈较强的负相关关系并具有显著的缓解效应。

5.5　土地景观格局与热环境效应

　　城市景观是人为因素、生物因素和自然因素共同作用的结果。城市景观是一种人为活动占优势的景观类型,其组分构成和时空特征被社会经济发展和居民生活所约束。城市景观生态学研究的首要任务是详细剖析城市景观的格局规律,了解城市景观格局与其他因素之间的互动关系。城市景观格局的分布特征,对于了解景观格局变化规律及其驱动因素有重要意义。对于调整城市土地利用和空间格局结构,动态监测和系统分析城市发展过程中的生态环境关系,构建可持续的城市生态建设具有重要的理论和应用意义。遥感信息在景观生态学中的应用包括:景观组分和结构识别;景观特征的定量化(不同尺度上斑块的空间结构、植被结构、生境特征和生物量、干扰的范围、严重程度和频率;生态系统中生理过程的特征,如光合作用、蒸发蒸腾作用和水分含量等);景观动态和生态系统管理(植被覆被变化、土地利用时空变化、景观格局对于人为干扰和全球气候变化的响应)。

5.5.1　土地利用景观分类

　　本节从土地利用类型入手,重点分析城市景观格局的不同所对应产生的热环境效应格局与过程之间的关系,分析它们之间的相互影响和相互作用的方式。

　　首先,利用遥感图像进行土地利用景观类型的分类。分类类型的确定主要取

图 5-8　南京市 2006 年 5 月土地利用景观分类图

决于研究区的实际情况、研究目的和研究精度的要求。本书依据研究区的实际情况,依据全国土地利用分类系统的标准,同时结合土地利用景观分类的目的,将研究区分类为耕地、林地、水体、建设用地和其他五种类型。

图 5-8 为在南京市 2006 年 5 月 20 日的 Landsat 影像基础上利用非监督分类方法得到的土地利用景观分类结果。本书选取了非监督分类的方法进行土地利用景观的分类。在非监督分类结果的基础上,利用 Google Earth 软件进行检查,对遥感解译分类发生错误的地方进行相关修改。修改后得到了 2006 年 5 月南京市土地利用景观分类图。水体呈现蓝色,中间狭长水体为长江流域,西南部的蓝色半圆形区域为固城湖。建设用地主要分布在长江沿岸,以南侧为建设用地发展的重心。林地呈分散分布。耕地分布以南京南部区域居多。

5.5.2　景观指数的选择

在景观格局的评价中,选取合适的指标是关键。对景观指数的评价不仅仅要考虑单个景观指数的描述能力,还应当考虑该指数与分析问题,如地表温度、可能的相关性。对景观指数的选择应当有三个方面的考虑:就单个指数而言,主要考虑它能否较好的描述景观格局、反映格局与过程之间的联系;就指标体系而言,考虑各个景观指数之间的相互独立性如何,各景观指数能否从不同侧面描述景观格局;就实际应用而言,考虑景观指数的实际意义,并将其赋予生态学意义,进行横向纵向的比较。陈爱莲等利用同年 4 个季节的 Landsat ETM 数据反演了北京部分城区的地表温度,分析景观格局指数解释地表温度的使用性(陈爱莲等,2012)。结果表明在景观水平计算的 24 个景观格局指数中,只有景观组成百分比(PLAND)、斑块密度(PD)、最大斑块指数(LPI)、欧式距离变异系数(ENN - CV)和分离度(DIVISION)与 3 月、5 月、11 月的地表温度具有稳定的显著相关。

1. 衡量景观破碎度的指标

在较大尺度的研究中,景观的破碎化是特别重要的属性特征。因为景观的破碎化通常与景观的格局和功能密切相关,同时也与人类活动密切联系。通常生物的生存需要一定的空间范围,景观破碎化的程度越高,适合城市生物的环境也在减少,那么这对于城市生物的保护是十分不利的。

(1) 斑块数(number of patches,NP)。

$$NP_t = N \qquad\qquad (5-8)$$

式中,N 为景观整体中所有斑块的数目。斑块数是测量研究区范围内景观破碎性最简单的指标,它的值越大,则景观格局的破碎化程度越高。

（2）斑块密度（patch density,PD）。

景观斑块密度和景观斑块数存在较大的相关性,计算公式为

$$\mathrm{PD}_c = \frac{n_i}{A}(10\ 000)(100) \tag{5-9}$$

式中,PD_c 为第 i 类景观类型的斑块密度;n_i 为景观类型 i 中的所有相关斑块的数目;A 为研究区的景观总面积。斑块密度可以用来反映景观被分割的破碎程度和景观空间结构的复杂性。其值越大,则景观格局的破碎化程度越高。

（3）景观分割指数（DIVISION）。

$$\mathrm{DIVISION} = \left[1 - \sum_{i=1}^{m} \sum_{j=1}^{n} \left(\frac{a_{ij}}{A} \right)^2 \right] \tag{5-10}$$

式中,a_{ij} 是斑块的面积;A 是总景观面积。DIVISION 等于 1 减去景观中所有的斑块面积除以总景观面积的平方和。当景观由一个斑块组成时,DIVISION＝0。当景观最大限度地被分割,即元细胞都是独立的斑块时,$DIVISION$ 取得最大值。

（4）分离度指数（splitting index,SPLIT）。

$$\mathrm{SPLIT} = \frac{A^2}{\sum_{i=1}^{m} \sum_{j=1}^{n} a_{ij}^2} \tag{5-11}$$

当景观由一个斑块构成时,SPLIT＝1,它的值随景观的进一步细分而增加。当景观被最大程度上细分后达到最大值时 SPLIT 也达到了最大值。SPLIT 基于累积斑块面积分布并且可看成当相应斑块类型被细分为 S 个斑块时的有效网格数量。

3. 计算景观多样性指标的选取

（1）斑块丰富度密度（patch richness density,PRD）。

$$\mathrm{PRD} = \frac{m}{A}(10\ 000)(100) \tag{5-12}$$

式中,m 为除去出现在景观边界上的斑块类型数;A 为总景观面积。斑块丰富度指数将丰富度标准化为单位面积上的值,利于不同景观间的比较。

（2）香农多样性指标（Shannon's diversity index,SHDI）。

景观空间格局的多样性是指景观元素在结构、功能以及随时间变化方面的多样性。

景观多样性指数的计算公式为

$$\mathrm{SHDI} = -\sum_{i=1}^{m} P_i \log_2 P_i \qquad (5-13)$$

取值范围：SHDI≥0。景观多样性指数反映景观类型的多少和各景观类型所占的比例的变化，是一个景观水平上的指标。根据信息熵理论，当景观由单一类型构成时，则景观是匀质的，即不存在多样性，其指数为 0。当景观由两种以上的类型构成，并且各个景观所占的比例相等时，则景观的多样性指数最高。而多样性指数会随着景观类型所占的比例差异增大而下降。所以景观多样性指数大则表明景观类型丰富，同时这些景观类型匀质化程度高。

表 5-1 中选择了两类景观指数，一类是景观分离度指数，包括斑块数 NP、斑块密度 PD、景观分割指数 DIVISION 和 Splitting index；另一类是景观多样性指数，包括斑块丰富度密度 PRD 和香农多样性指标。选择景观分离度指数和景观多样性指数，是为了反映南京市分区框架下的景观破碎度和多样性的特征；并分析这两个景观特征对 LST 和 EVI 关系的影响。选择了 4 个指标反映景观分离度和 2 个指标反映景观多样性，一是为了从不同侧面体现景观的特征；二是为了验证景观指数计算结果的准确性。

表 5-1 南京市分区景观指数表

	NP	PD	DIVISION	SPLIT	PRD	SHDI
溧水区	99 019	92.932 8	0.985 3	68.077	0.004 7	1.484 8
六合区	132 821	90.087 2	0.972 3	36.148	0.003 4	1.428 8
浦口区	80 495	88.720 3	0.973 7	37.956	0.005 5	1.428 7
栖霞区	20 283	51.796 3	0.881 9	8.463 9	0.012 8	1.407 2
中心城区	18 084	50.198 7	0.766 4	4.281 6	0.013 9	1.169 1
江宁区	147 583	91.912 0	0.977 7	44.843	0.003 1	1.427 0
高淳区	69 328	86.291 1	0.967 7	30.945	0.006 2	1.503 7

从表 5-1 中可以看出，中心城区的多样性指数 SHDI 最小为 1.169 1；近郊的栖霞区、浦口区和江宁区的 SHDI 值居中；而远郊的溧水区、六合区和高淳区的 SHDI 均呈现出了高值，其中高淳区的 SHDI(1.503 7)为同比最大值。在景观分离度的指数中，中心城区的景观分离度指标最小，略高一点的是近郊栖霞区。然后依次按照高淳区、六合区、浦口区、江宁区和溧水区的顺序，景观分离度指标 DIVISION 的值递增。

5.5.3 景观格局下 LST 与 EVI 的拟合

城市不同的景观特征对应不同的地表温度，尤其在夏秋季，南京市整体区域地表温度与植被覆盖度具有显著的负相关关系。但是增加相同的植被覆盖，城市区域景观和郊区景观对于地表温度的影响则显著不同。也就是说,景观格局的空间布局将决定植被的功能,导致了植被覆被对于地表温度的辐射和传导的差异。

由于景观多样性指数和分离度指数是景观水平上的指数,所以需要在一定的框架范围内进行计算。为了对比不同景观指数对 LST、EVI 关系的影响,在本书中选择利用南京范围内分区的行政边界作为框架,在此范围内拟合 LST 与 EVI,计算每一个网格内的景观分离度和景观破碎度指数,利用框架内的 LST 与 EVI 的值进行拟合,研究景观指数、LST、EVI 之间的关系。数据处理在 Fragstats、ENVI、Arcgis 等软件的支持下操作完成。

从图 5-9 中可以看出,南京中心城区框架内的景观多样性指数 SHDI 最低,LST 与 EVI 呈现出了明显的负相关关系。栖霞区、浦口区和江宁区的 SHDI 值处于中间区域,LST 与 EVI 呈现出了弱负相关关系。郊区的溧水区、六合区和高淳区,景观多样性指数较大,而 LST 与 EVI 则基本无线性相关关系。这说明多样性越大的地方,其地表温度对植被指数变化的响应关系越弱,景观多样性越小的地方,其地表温度对植被覆被的负相关关系越明显。按照景观分离度指数结果,中心城区的景观分离度指数最低,LST 与 EVI 表现出了明显的负相关关系。栖霞区的景观分离度指数略高于中心城区,LST 与 EVI 也仍旧呈现出了负相关关系。随着景观分离度指数 DIVISION 的增加,LST 与 EVI 的线性相关关系减弱。这说明景观分离度指数越小的地方,地表温度对植被指数 EVI 的负相关关系越明显;景观分离度指数越大的区域,地表温度对植被指数变化的响应关系越弱。中心城区是受人为因素影响较大的区域,景观多样性和景观分离度的指标较小,主要是说明了建筑群类型斑块的大小在不断增大,而其他类型斑块(例如城市植被)大小在减小,使得整个区域的景观多样性水平在降低,景观分离度水平降低。

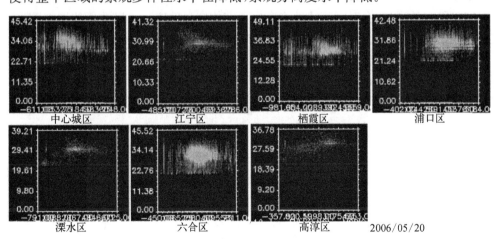

图 5-9　南京市 2006 年不同景观指数下地表温度 LST 与植被指数 EVI 的拟合

注:纵坐标为地表温度,单位为℃;横坐标为植被指数 EVI。

5.6　人口分布与热环境关系

　　城市化过程主要从两个方面体现出来：一是建设用地的增加；二是人口的聚集越密集。从理论上，人口的聚集程度体现了人类活动程度的强弱。假设城市内其他因素不变，人口分布越密集、人类活动越频繁，则地表温度也就越高。而人口越稀疏，则地表温度总体上越低。尽管在城市的热环境中，最主要的因素是下垫面物理性质的差异，但是人口的聚集改变了地表下垫面的构成，进一步改变了城市内部的热传输模式和地表径流过程，从而造成了城郊地表温度的差异。同时，大量人口在城市聚集的过程中，还伴随着工业的发展，由此消耗并且释放出了大量的热量，也进一步加剧了城市热岛效应的强度。随着人们对于热岛效应及其危害的认识的不断深入，政府采取了改善热岛效应的措施，包括增加中心城区的植被覆被、优化城市的功能分区、合理利用土地等，这样能在一定程度上减弱人口活动对热环境的作用（岳文泽，2005）。因此，有必要进一步研究人口数量与热岛效应之间的定量关系，同时探讨热岛效应对人口数量逆向的作用关系又是怎样的。

　　图 5-10 中的横坐标的人口数据不包括 2005 年和 2008 年，因为缺少当年的地表温度影像数据。纵坐标代表中心城区与远郊的高淳区的地表温度差值。城郊地表温度差值代表当年热岛效应的强度。在线性回归方程 $y = 0.028\,9x - 13.71$ 中，$R^2 = 0.123$，线性相关关系不强。斜率反映了地表温度对于人口数量变化的敏感程度，斜率回归 0.028 9，为正值，表示两者呈正相关关系。人口总数的增长，进一步促进了城郊地表温度差值，加剧了城市的热环境效应。结果表明，人口数量在一定范围内的增加，会对城市热效应产生一定的增强效应。人口数量的增加，造成了地表下垫面物理性质的改变，同时人为释放出的大量工业热量和生活热量，改变了城市内部的热传输模式和地表径流。

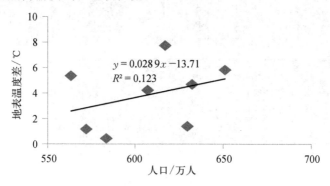

图 5-10　南京市城郊地表温度差与人口线性回归拟合图（2001～2010 年）

图 5-11 中,横坐标为中心城区与远郊的高淳区从 2001 年到 2010 年的地表温度差,其中缺少 2005 年和 2008 年数据。在线性回归方程 $y = 4.250\ 3x + 590.7$ 中,$R^2 = 0.123$,表示两者的线性相关性不强。斜率等于 4.2503,为正值,表示城郊地表温度差对人口为正相关关系。对比图 5-10 和 5-11 中的斜率发现,人口总数对城郊地表温度差值的变动更敏感,因为斜率较大。在这里,城郊地表温度差代表热岛效应的强度,热岛效应较大程度上归结于城市化扩张的结果。因此,人口对于城郊地表温度差值的敏感,实际上体现出的是城市化发展对于人口的引力作用。

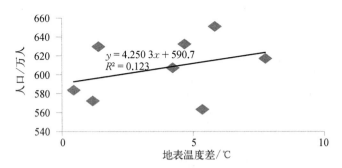

图 5-11　南京市人口与城郊地表温度差拟合图(2001~2010 年)

国际劳工组织的观点,人口从乡村到城市的迁流,主要是因为城市地区有更多的就业机会,有更多的收入以及更好的教育水平、医疗条件和公共设施。美国经济学家 Michael 认为,吸引劳动力流向城市的主要原因不是城乡的工资差别,而是两地"预期工资"的差别(Michael,1997)。中国学者骆华松认为,人口从乡村流入城市,主要由于城市优越的生活方式,此外还由于农产品在城镇的需求为乡村流动人口创造了条件(骆华松,2002)。中国学者顾朝林通过调查研究得出结论:追求合适的工作机会和生活条件是拉动人口向大中城市流动的主要原因(顾朝林,1999)。王裔艳的研究结果中,通过对比 29 个省社会经济因素,得出东南沿海城市在经济发展、就业发展、生活条件等方面均较好,导致了外来人口的大量流入。南京作为江苏省的省会,城市化的发展自然吸引了更多的外来人口(王裔艳,2004)。

5.7　热环境效应与降水

Zhao 于 2014 年 7 月在 *Nature* 上发表研究成果,其中指出:湿润气候条件下局地增温更明显,也就是湿润气候区城市热岛强度要大很多(Zhao et al.,2014)。崔松云和史如庄(2010)以及孙永远和李传书(2013)的研究结果均表明城市热岛效应会对降水量造成影响。降水会影响热岛效应的强度,热岛效应反过来又会影响降水量,那么问题是两者之间存在着怎样的依存关系,依赖关系的权重又是如何的。

　　表5-2中,选取鼓楼区、秦淮区、玄武区、建邺区和雨花台区作为中心城区,用高淳区代表郊区,对比分析中心城区和郊区的地表温度。表中列出了从2000年到2010年的20景数据的地表温度值,地表温度是按照数据的频数分布,选取最大频数的数据作为有代表性的地表温度数据。中心城区和郊区的地表温度差高值一般出现在夏季和秋季,如2002年7月12日,中心城区反演地表温度为41.33℃,郊区地表温度为35.98℃;2001年7月17日,中心城区反演地表温度为35.43℃,郊区地表温度为29.6℃。地表温度差低值通常出现在冬季,如2002年12月27日和2003年1月28日,中心城区和郊区的反演地表温度差在2℃左右。城郊地表温度差在2002年11月9日、2004年2月8日和2004年11月22日呈现出了负值。城郊地表温度差在春夏秋季通常为正值,表现为热岛效应;在冬季常出现负值,即出现了城市内部的"冷岛效应"。对比城郊地表温度差,从2001年4月4日的5.29℃,2001年7月17日的5.83℃,到2009年10月3日的1.4℃,2010年8月19日的4.68℃,地表温度差总体趋势呈现缩小趋势。中心城区区域由于下垫面不透水面的不断扩大和人为作用的增大以及工业生产等导致城区增温。郊区在早期大多数为自然地表、农田、植被和水体等。但是在城市发展的过程中,郊区下垫面的类型也受到了一定程度上的扰动,同时城市发展建设用地向外扩张,中心城区热岛效应在强度上也有了一定的减缓。

表5-2　中心城区与高淳区反演地表温度表　　　　（单位：℃）

日　　期　　地表温度	中心城区	高淳区（郊区）	城郊差
2000/4/17	25.38	22.37	3.01
2000/10/10	32.63	31.73	0.90
2001/4/4	22.00	16.71	5.29
2001/7/17	35.43	29.60	5.83
2002/2/10	11.16	10.32	0.84
2002/7/12	41.33	35.98	5.35
2002/9/30	29.62	26.34	3.28
2002/10/24	20.90	20.80	0.10
2002/11/9	15.98	16.18	−0.20
2002/12/27	2.11	2.00	0.11
2003/1/28	3.18	2.00	1.18
2004/2/8	11.74	12.10	−0.36
2004/11/22	16.53	16.60	−0.07
2004/12/8	11.85	11.40	0.45
2006/4/2	27.31	23.08	4.23

日　期 ＼ 地表温度	中心城区	高淳区(郊区)	城郊差
2006/5/20	32.30	30.62	1.68
2007/3/20	18.14	15.02	3.12
2007/5/7	33.74	26.00	7.74
2009/10/3	28.56	27.16	1.40
2010/8/19	34.22	29.54	4.68

5.7.1　热效应对月降水量的回归关系

　　Zhao 等在 2014 年 7 月在 *Nature* 上发表研究成果,量化了不同因素对城市热岛效应的影响(Zhao et al.,2014)。其中指出,湿润气候条件下局地增温更明显,也就是湿润气候区城市热岛强度要大很多。研究表明,气候的影响很大。在气候湿润时,城市地表对流的效率显著下降,从而造成了局地增温。比如两个城市,其中一个位于半干旱气候区,另外一个位于湿润的气候区,结果是热岛强度非常不一样。在潮湿的气候区,地表对流效应会导致城市白天的平均温度上升 3℃。进一步剖析该现象的成因,主要由于气候条件决定了植被覆盖类型,植被覆盖类型决定了地表粗糙度。城市热岛效应受到地表粗糙度较大程度的影响。不同的地表类型有不同的粗糙度,如森林的粗糙度大于草地,更容易产生大气的湍流运动,从而有利于地表热量扩散到大气中,进而降低了地表温度。也就是说,如果城市的粗糙度小于郊区,那么城市区域就会呈现较强的热岛效应。相反,如果城市的粗糙度大于郊区,那么城市区域就会产生冷岛效应。湿润地区的城郊地表覆被植被多数为树林,地表粗糙,因此对流散热效率较高。相比之下,城市的对流效率下降,造成了热岛效应。而在半干旱地区,植物多为低矮的草地,而城市景观地表更为粗糙,对流散热效率更高,会抑制热岛效应,甚至造成"冷岛效应"。由此湿润的气候条件背景在一定程度上决定了热岛效应的强弱。

　　在图 5-12 中,以月平均降水量作为自变量,两者具有较显著的线性相关关系。这里地表温度数据是南京市从 2000 年到 2010 年的 20 景遥感反演数据,月平均降水量时间是对应于地表温度数据的日期。Zhao 等(2014)的研究区选择了干旱区和半干旱区的不同气候条件的城市。本书的研究侧重于南京同一地理空间在不同时间维度上,降水水平的不同对于地表温度的影响。在本书中,月平均降水量与城郊地表温度差呈现正相关,反映了城郊地表温度差的季节性变化。因为月平均降水量具有明显的季节性分布,夏秋多,春冬少。从反演的地表温度数据看,夏秋具有明显的热岛效应,在春冬有些月份热岛效应不明显,甚至出现了"冷岛效应"。同时,降水造成的湿润环境抑制了地表对流,造成了城市内部的热岛。

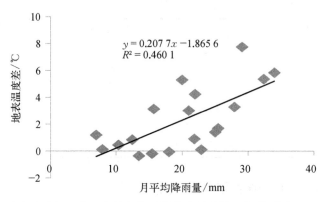

图 5 - 12　南京市城郊地表温度差与月平均降水量线性回归关系图(2000～2010 年)

降水分布是由一个地区的自然气候条件决定的。在城市规划的设计过程中,应该考虑采取缓解城市热岛效应的措施。Zhao 等在研究结果中指出,芝加哥在经历了 1995 年的强热岛效应后,制定了建筑规范,利用屋顶材料来提高反射率,经历 15 年的时间,该市反射率增加了约 0.02,有效缓解了城市热岛效应(Zhao et al.,2014)。因此在建筑表面可以选择高反射率的材料,使得太阳辐射被反射出城市空间。同时屋顶、路面、停车场采用浅色的材料,可以有效减缓城市热岛效应。另外根据城市的主导风向进行通风廊道的设计,可以提高城市内部的对流效率。

5.7.2　月降水量对热效应的回归关系

研究结果均表明城市热岛效应会对降水量造成影响(崔松云和史如庄,2010;孙永远和李传书,2013),降水过程会影响热岛效应,热岛效应反过来会影响降水过程,这里主要研究两者之间的依赖关系权重。

图 5 - 13 为利用南京市从 2000 年至 2010 年的 20 景的地表温度差数据与降水量数据做回归关系得出回归方程,$y = 2.381\,1x + 14.986$,$R^2 = 0.485\,1$。R^2 值较大,表示两者存在显著的正线性相关关系。对比降水量为自变量,城郊地表温度差为因变量的回归方程,$y = 0.203\,7x - 1.802\,6$,当城郊地表温度差为自变量时,比降水量为自变量时的自变量系数要大。由此,研究结果表明热岛效应强度对降水量的影响比降水量变化对热岛效应强度的影响要显著。

降水大致包括对流雨、地形雨、台风雨和锋面雨四种类型。以对流雨的过程为例,对流雨是近地面的空气局部受热或高层空气强烈降温,导致上下层空气发生对流,使得低层空气上升,从而水汽在高空中冷却、凝结而形成的雨。有时在连绵雨中也会夹有对流雨,这是因为空气的层状雨云中夹有强烈对流的积雨云,从而形成了积层混合的雨云。

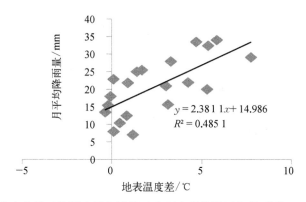

图 5-13　南京市月平均降水量与城郊地表温度差线性回归关系图(2000～2010 年)

城市热岛效应使城区成为一个明显的高温区。高温造成城区的上方空气受热,加强了空气上下层发生对流。水汽对流过程中在高空发生冷却和凝结,从而形成雨。

城市热区域主要是柏油路面储存了大量的热而又缓慢释放着,加之市区大量的机动车排放着温室气体二氧化碳,市区内受热的空气逐渐上升到城市上空,形成热岛效应,热空气再度上升到高空,被冷却后继而形成了降水。城市区域热岛效应产生的原因主要包括以下几点。

(1) 下垫面不透水面的增加。进入 21 世纪以来,南京市城市化发展节奏加快,市内分布有密集的商业区、大型工厂和集中的居民区。城市范围以旧城区为中心向外扩张,部分乡村变成了城市,交通便捷度大幅度提高,水泥沥青道路增加,从而使不透水面的面积增加。

(2) 城区散发热量大。日益增加的工厂、汽车、空调和冰箱等人工排热器在消耗掉大量能源的同时,还散发着大量的热量。

(3) 城市大气污染。城市中的机动和车辆、工业生产及人群活动产生了大量的氮氧化物、煤灰和粉尘等,这些物质可以吸收环境中热辐射的能量,通过吸收太阳能,再散发出来,从而引起大气的进一步升温。

(4) 导热系数增加。商业高层建筑、密集的居住区、建筑物间距不断缩小,楼群之间所构成的导热系数提高以及建筑物与空气的热传导能力的增加,都进一步提升了空气的温度。

(5) 空气流通阻力增加。摩天大厦和高层住宅越来越普遍,高层和超高层建筑随着城市化的发展和人口的不断涌入而逐渐增多,25 层的高层建筑高度一般超过 80 m。高层建筑不利于空气的流通,也不利于热量的扩散,易形成高温中心,并以此为中心向周围递减。随着城市面积的进一步扩大,城市的热岛效应会更加明显。

5.8　改善城市热环境的政策建议

城市的热环境问题由于直接关系到城市的生态环境质量而受到了越来越多的关注。城市热环境效应是由城市化引起的。在定量分析了地表温度与不透水面、水体、植被等土地覆被以及景观指数、降水和人口相关关系的基础上,本章详细总结了热环境效应的形成机制,并基于城市热环境,提出了对土地调控的思考。

5.8.1　热环境形成机制分析

城市热环境是城市化进程中产生的一种环境效应,其形成主要机制可归结为以下几方面。

(1) 城市下垫面的性质。首先,在城市化扩张的过程中,建筑物密度增加,高楼林立,下垫面物理性质发生改变。在城市三维结构中,建筑材料的物理性质也增加了城市内的热量吸收。城市中的不透水面覆被的导热性比自然土壤覆被高出数倍,而且热容量高,容易接受太阳辐射,并将热量反射在城市内部,从而使得城市的热环境效应不断增强。在利用地理加权回归方法分析地表温度与不透水面关系时,中心城区范围内,Local R^2 的最大值为 0.760,地理加权回归的回归系数最大值为 1.045,表明不透水面丰度对于地表温度产生了较大的增温作用。其次,城市道路等也均为不透水面材质,地面蒸发小。而郊区自然的土壤植被可以积蓄一部分水慢慢蒸腾,在蒸腾的过程中,也可以带走潜存的热量。所以中心城区比城郊的温度要高。

(2) 城市中自然下垫面的减少。城市中的树木、植被覆被和水体是减少热岛效应的重要因素。在中心城区范围,由地表温度与植被丰度的地理加权回归结果得出,Local R^2 的最大值为 0.7,两者的回归系数为 -0.8,表明中心城区内植被覆被的不足。在城市中,缺少高大的树木和灌木草地。高大的树木比草地更为粗糙,粗糙植被覆被更能加快空气对流。植物能有效地吸收太阳辐射,从而净化空气,减轻热环境的强度。城市中水体的降温效果比植被要好。水域面积缺乏,则通过蒸发带走的热量少。

(3) 城市景观格局的变化。城市化的过程导致城市景观代替农村景观,造成城市景观格局和景观指数的变化,如景观多样性和景观分离度等。在不同的景观格局下,地表能量变化的模式不同。在本书景观指数与地表温度的相关性研究中发现,景观多样性越小的区域,植被与地表温度的负相关越明显。景观分离度越小,植被与地表温度负相关越明显。城市的景观格局不同,会导致植被覆被发挥不同程度的功能。

(4) 降水造成的湿润环境背景。在本书的地表温度与降水量的相关性研究中,利用 10 年的数据,进行线性回归分析得出,地表温度与降水量呈正相关,相关系数为 0.48,表明两者具有较强的相关性,回归系数为 0.203 7。降水环境对热岛效应的影响主要表现在:降水造成的湿润环境背景,降低了地表的空气流通和对流过程,从而导致热量积蓄在城市内部而增温。

(5) 人口密集增加人工热源和大气污染。企业生产、交通运输及居民取暖燃烧的燃料,都会向外排放大量的热量。随着城市化过程的加快,越来越多的人口向大城市涌入,导致人口、企业、交通集中,在能源的消耗上也快速增长,使得城市区域增加了额外的大量热量输出。更进一步,城市中的交通、企业和居民生活在燃烧能量的过程中,还会向大气中排放 CO、SO_2、NO_x 等有毒气体,导致城市空气中的悬浮颗粒物密集。这些颗粒物会吸收下垫面的热辐射,并阻碍了空气的流通,从而进一步使大气升温。

5.8.2　改善城市热环境的对策思考

人类活动是造成城市热岛效应的主要原因之一。快速的城市化过程改变了城市下垫面的结构,加上城市商业、工业、交通和居民的生活均产生了大量的废热、废气等,都会迅速改变城市热岛效应的空间格局,加剧城市热岛效应。因此要缓解城市热岛效应,必须改善城市的土地利用结构和城市内部的人为活动方式。在第 4 章分析土地覆被与地表温度的关系的基础上,针对南京市的土地利用方式提出以下建议(陈云浩等,2014)。

(1) 优化城市功能配置。南京市是江苏省的省会,在考虑城市功能时应考虑到以行政职能为首要的城市定位。在开展城市规划时,决策者应避免极端考虑经济发展的路子,盲目引进大的资源型、制造型的工业项目,最终给城市内部造成巨大的环境压力和交通压力。在进行城市规划调整时,应合理规划城市的功能分区。以现有的中心城区为圆心放射线,以长江流域为骨架的城市结构,在中心城区避免引入资源密集型或劳动密集型的产业项目。同时污染型和加工型的企业也应逐步迁出城市中心区,降低城市中心的产业密度和人口密度。大力发展金融、贸易、信息服务等现代化的高新产业,实现人流、物流和能量流的有序流动。

(2) 保护并且增加绿地、水体覆被,缓解城市热岛效应。城市中的大片河流湖泊、公园绿地对于调节城市热环境发挥了显著的削弱作用,对于城市的小气候也有明显的优化作用。因此,保护好现有的绿地对于改善整个城市的热岛效应具有重要作用。同时,在未来的城市发展中,应在城市内大力植树种草,减少裸露地表,尤其是水泥、混凝土等不透水面的面积,充分发挥植被和水体降低热环境效应的优势。绿色植被可以通过蒸腾作用减少地表对太阳辐射热量的吸收,同时可以增加大气湿度,减少城市灰尘,明显降低城市的地表温度。在建筑物形成的三维环境中,应鼓励和支持城市的楼顶绿化、立体绿化、墙体垂直绿化和庭院绿化,进一步改善城市热环境。同时,水体的热容量比一般的陆地地表大,其温度变化相对较慢,对于城市的温度能够发挥重要的调节作用。水体在改善热环境效应方面比植被的效果要显著。面状水域比带状水域降温效果好。所以在城市河湖整治的过程中,应当科学规划,扩大水域的面积。

(3)科学规划城市景观布局,逐步减低建筑容积率。城市景观布局和城市建筑的容积率对于城市大气的环流模式、城市的热场分布都有较大的影响。在城市新区建设和旧城改造的过程中,应当考虑进景观分布的影响,如景观的多样性和景观分离度对植被功能的影响。同样的植被覆被,不同的分布方式,可能影响植被对降低热环境效应的功能。景观多样性越小的区域,植被与地表温度的负相关越明显。景观分离度越小,植被与地表温度负相关越明显。同时,在确保建筑面积的前提下,应尽可能增加建筑物的高度,城市规划中构造整齐规则的建筑布局,扩宽建筑物之间的间距,从而形成大气循环的通道,扩大城市空气流通的速度和范围,进一步缓减局部地区温度分布不均匀的状况。另外,城市中心区原有的低矮平房应加以改造,平房分布的区域街道狭窄,建筑密度大,热量不容易散发。建筑排列不应过于混乱,区域内的道路交通应宽敞,改变交通拥挤的状况,促进空气流通。高层或多层建筑,应以分散布局为好。在建筑表面可以选择高反射率的材料,使得太阳辐射被反射出城市空间。同时屋顶、路面、停车场采用浅色的材料,均可以有效地减缓城市热岛效应。

(4)合理规划交通及商业区。经济的快速发展,导致了私家车不断增多,交通线路已经成为城市网中的线状热源。地铁的修建可以减少城市道路上单位面积的交通工具的数量,降低人工热源的散热量(陈云浩等,2002)。同时大型的车站(如火车站、汽车站),通常是人流车流的密集区,易成为城市的高温小区域。在城市规划中,应逐步将车站迁移至地形开阔、交通方便的郊区。大型的商业区大多位于城市中心的繁华地段,通常人流车流密集,建筑密度高,交通拥挤。因此也应当进行适当的调整,逐渐降低商业区附近的建筑密度。

(5)调整植被覆被的种类。在进行降水与地表温度的相关性研究中发现,湿润的环境背景降低了地表能量循环和空气对流,因此加剧城市的地表温度。进一步分析发现,植被覆被会对地表能量循环产生影响。例如,森林的粗糙度大于草地,更容易产生大气的湍流运动,有助于地表的热量向大气扩散,从而使得地表的温度下降。也就是说,如果城市的粗糙度小于郊区,就会出现较强的热岛效应;相反,如果城市的粗糙度大于郊区,那么就会产生城市温度低于郊区温度的“冷岛效应”。因此在城市内部的景观规划中,应适当增加树木的种植比例,提高城市地表的粗糙率,从而增加城市范围内的对流效率,抑制热岛效应。

(6)降低中心城区的人口密度。在城市化发展的现阶段,主要表现为人口向中心城区涌入,因为中心城区的相关配套设施较好。人口密度高则导致人为热排放总量高。应当参考国外发达国家的城市发展过程和经验,将中心城区的人口密度逐步降低。通过人口政策、公共设施建设拆迁和城市配套设施的优化布局等措施合理调节人口分布。

(7) 降低设备能耗,减少空气污染。通过改进能源消耗设备,提高能源利用效率,较少损耗和浪费。将分散的、低效率的小热源控制起来,并进行集中供热,以提高能源的利用效率。并且积极探索新能源的利用,利用绿色能源,如风能、太阳能、生物能等,不仅能节约能源,还可以将太阳能以其他能源的形式利用起来,减少其直接转化为热能的能量。空气污染形成的悬浮物颗粒在城市空气中形成吸热层,引起了大气升温。中国在 1996 年 1 月 8 日开始实施《环境空气质量标准》。美国于 1996 年开始将 PM2.5 列入大气质量检测标准的范围之内。降低空气污染的有效措施包括:合理规划城市生产,节约生活燃料的燃烧;控制机动车数量及机动车的上路时间;探索利用城市垃圾发电的方法;城市内部的节能减排等(丁路和王勇,2013)。

5.8.3　研究展望

需要进一步深入研究的主要问题包括以下几点。

(1) 数据问题。本书在反演地表温度时,数据基本上选择的是 Landsat 的热红外波段。其他影像的热红外波段的空间分辨率相对较大,SPOT 等传感器没有热红外波段。本书在反演地表温度时并未与其他影像反演数据及地表温度实测点进行对比,仅与气温进行了粗糙的精度验证。同时,Landsat 数据时间分辨率相对较差。在 2000～2013 年的时序数据中存在一定的缺失。因此研究地表温度问题数据的合理性保障是前提。

(2) 经验正交函数与时序解混方法的精度。本书首次提出综合利用经验正交函数和时序解混的方法来探测大面积区域的土地覆被变化,尤其是植被退化过程。这个方法的侧重点在于,利用经验正交函数得出的信号分量作为先验信息,来快速探测大面积区域范围内退化植被的空间分布。由于数据的尺度和方法本身的特点,该方法精度相对不是特别高。因此,经验正交函数和时序解混方法应用于土地覆被变化探测上,在方法和精度上仍存在进一步完善和提高的空间。

(3) 地理加权回归方法的参数问题。在本章中,首先将地表温度与不透水面、植被和黑体的丰度进行了线性回归。线性回归为全局回归模型,即得到的回归方程参数为全局的平均值。然后,地理加权回归方法被引入地表温度与地表物理性质的相关关系分析中。地理加权回归方法需要设置局域回归参数,也就涉及了空间自相关的问题。在本章中,局域回归参数设置为自适应,没有更多地考虑到空间自相关这个因素。但是在地理学领域,考虑到空间自相关的影响,是今后研究中的一个重点问题。

（4）景观格局与热环境效应。景观生态学的观点是格局决定功能。同样的植被覆被在不同的景观格局中，将起到不同的减缓地表温度的功能。在本章中，分别研究了景观多样性指数与地表温度和景观分离度指数与地表温度的相关关系。城市景观格局与热环境效应之间应当是具有定量关系的。今后城市景观格局与地表温度的系统性研究将是一个关注重点。

（5）热环境效应的响应因素。本书考虑到的可能影响城市热环境的因素包括城市下垫面（不透水面、植被和黑体）、景观格局、降水和人口，更多的因素并未在此进行分析，例如，城市的三维结构中的楼层高度和建筑容积率与地表温度的定量关系，容积率定在什么范围具有较好的城市空气流通和地表的能量循环，这需要在今后的研究中进一步探讨。

5.9　小　　结

本章基于南京市地表覆被的反演结果和地表温度的反演数据，构建了土地覆被及相关因素—地表温度—响应框架来分析影响地表温度的机制。根据该思路，本章首先利用反演土地覆被（不透水面、植被、黑体）与地表温度进行二维的线性相关关系分析，然后利用地理加权回归，定量分析不同局部区域的土地覆被与地表温度的回归关系，定量得出相关性系数。然后，利用景观指数框架，建立地表温度与植被覆被之间的相关性，研究在景观指数框架下城市内部植被覆被的格局，可能会影响植被对于降低地表温度的功能。最后，研究降水和人口对地表温度的驱动程度，及地表温度对降水和人口的影响程度。建立影响地表温度的响应因素框架，为下一步提出基于城市热环境的土地调控方式的思考奠定基础。

第6章 城市化进程下环杭州湾城市群生态环境变化

环杭州湾城市群的发展在继续发挥首位城市的作用以外,还应该重点发展中小城市,完善城市等级规模结构(王茜等,2017)。杭州湾地区是浙江省经济发达区域,具有丰富的港口航运、土地等资源,人口密集,工厂林立。随着社会经济的快速发展,出于对土地利用经济效益的追求,大量土地不断地被转化为城镇用地,农业用地不断减少,城镇用地与耕地的矛盾不断加剧,对耕地保护产生了很大的压力(蔡云龙等,2002)。土地覆盖变化不仅对农业生产有着直接影响,而且会对生态环境产生强烈的影响(Clarke and Hoppen,1997)。同时,随着城市化进程的加快及人为活动的影响,城市及周边区域的气候必定发生变化,尤其是产生城市热岛效应(周淑贞和郑景春,1991)。近年来,随着全球变化的加剧,陆地生态系统对气候变化的响应与反馈越来越受到人们的关注。杭州湾地区植被种类多样,覆盖度较高,在气候变化的情况下,其植被净初级生产力(net primary productivity,NPP)的变化直接关系到该地区的农林业生产。因此,利用遥感技术实时、快速、有效的特点,建立土地、城市热岛动态监测系统,分析土地覆盖、城市热岛时空变化规律(赵书河等,2003);利用中尺度天气预报模式(weather and research forecasting model,WRF),结合遥感实时分类结果改变下垫面特征,建立城市气候监测系统,探索未来城市群落对城市乃至区域气候的影响;利用动态植被模式模拟植被对气候变化的响应,建立植被 NPP 模拟与监测系统,对保护耕地资源和生态环境、提高城市人居环境、合理利用气候资源、保持农林业的可持续发展有重要的指导意义和现实意义。

环杭州湾城市群作为长三角世界级城市群南翼的重要组成部分,是我国近几十年来城市化过程最为剧烈的地区之一。不少学者对杭州湾地区快速城市化过程带来的问题进行研究,主要涉及建设用地扩张(Zhang et al.,2013),耕地质量损失和耕地景观演变(Xiao et al.,2013),区域环境污染(Su et al.,2011)和生态服务功能退化(Wu and Zhang,2012)等。而在区域尺度上,对城市生态过程演变特征的研究仍待加强。城市生态系统是一个以人类活动为中心的复杂的社会—经济—自然复合生态系统,城市生态系统开放而脆弱,对外界的物质能量输送和城市本身的社会经济调节能力有较强的依赖性。从环杭州湾城市群整体角度对城市生态展开研究,有助于深入理解快速城市化过程对区域环境影响的普遍规律,有利于在未来城市建设中更好地从宏观上把握和协调城市发展和区域环境之间的关系。

6.1 环杭州湾城市群介绍

城市群作为社会经济活动特定的空间实体形态,能够有效地带动区域经济的发展,使区域内各个城市充分发挥其作用和功能。环杭州湾城市群位于中国东部沿海地区,由两大都市圈(上海大都市圈和杭州都市圈)和四个城市圈(嘉兴城市圈、湖州城市圈、绍兴城市圈、宁波城市圈)组成。杭州湾上游接入钱塘江,下游濒临东海,是典型的河口海湾。由于湾底的地貌地形和海湾的喇叭状外形特征,因此杭州湾内经常出现较大的海潮差。在强劲的潮水动力作用下,高潮和低潮相差较大,海湾上游顶部最大潮差可达 9 m(著名的钱塘潮),是国内沿海潮差最大的海湾。在风浪等水动力的作用下,杭州湾的南、北两岸长期受到侵蚀和淤积的作用,使其两岸岸线发生较大的变化,总体趋势是南岸淤积、北岸侵蚀。杭州湾南岸是宁绍平原,北岸是长江三角洲南缘,沿岸滩地宽广。环杭州湾城市群处于平原,地势平坦河网密布,各类生态资源相对丰富。

环杭州湾城市群地区属于北亚地带气候区,是东亚季风盛行的区域。受冬、夏季风的交替影响,这里的气候条件温和湿润,雨水充沛,四季分明。杭州湾地区夏季盛行东南风,常受太平洋冷气团控制,天气较为炎热;冬季盛行西北风,常受欧亚大陆冷气团控制,天气较为寒冷。

环杭州湾城市群地区位于长江三角洲南端,具有丰富的滩涂湿地资源,便利的港口航运交通设施。同时,沿岸聚集着我国最发达的城市,为海湾海域建设带来了新的契机(Powe and Willis,2002)。作为国内改革开放的前沿地带,以发达的国际化大都市上海、杭州、宁波等大城市为中心,杭州湾地区经济快速发展,综合实力不断提高,成为国内发展最快的地区之一。便利的港口航运交通设施,特别是杭州湾跨海大桥的施工建设,包括杭州湾新区的开发建设,为两岸的工企业发展带来了新的契机,同时标志着杭州湾地区进入了新的发展阶段。

根据国家统计局发布的 2005 年度中国综合实力地级以上百强城市,在经济指标综合测评中,环杭州湾地区的上海、杭州、宁波均位居前十之内(王繁和周斌,2007)。由此可见,环杭州湾城市群的经济实力与良好的发展前景,逐渐成为国内重要的金融贸易中心之一。

6.2 数 据 来 源

1992~2012 年夜间灯光数据下载于 NASA 地球观测信息系统(https://reverb.echo.nasa.gov)。2005~2015 年的统计数据摘自《上海统计年鉴》(2005~2015 年)和《浙江统计年鉴》(2005~2015 年)。地表温度、气溶胶光学厚度和净植被生产力等数据获取于 NASA 地球观测网站(https://neo.sci.gsfc.nasa.gov/)。土地利用数据申请于欧洲空间局的网站。

6.3　方　　法

6.3.1　气溶胶光学厚度

气溶胶光学厚度是表征大气浑浊度的重要物理量,也是确定气溶胶气候效应的一个关键因子。反演气溶胶光学厚度有两个难点:地表反射率和气溶胶模式的确定。反演气溶胶光学厚度的方法主要有热红外对比法、陆地海洋对比法、单通道反射法、多通道反射比、陆地上空对比度降低、海陆对比及单次散射反射率的反演、多角度成像偏振和陆地粒子谱的反演、路径辐射法、大气透过率法、双星协同反演等算法。

卫星遥感大气气溶胶光学厚度是基于卫星传感器接收到的大气上界的表观反射率 ρ^*,可以表示为(Kaufman et al.,1997)

$$\rho^* = \pi L / \mu_s E_s \tag{6-1}$$

式中,L 为传感器接收到的辐射亮度;E_s 为大气上界太阳辐射通量;μ_s 为太阳天顶角的余弦。

假设大气水平、均一,下垫面为均匀的朗伯面,卫星传感器接收到的大气上界的表观反射率 ρ^* 与地表二向反射率之间有如下关系:

$$\rho^*(\theta_v,\theta_s,\Phi) = \rho_a(\theta_v,\theta_s,\Phi) + \frac{\rho(\theta_v,\theta_s,\Phi)F(\theta_s)T(\theta_v)}{1-\rho^* S} \tag{6-2}$$

式(6-2)即为理想情况下的大气辐射传输方程,式中右侧第一项为表观反射率中大气贡献项,右侧第二项为表观反射率地表贡献项,其中,θ_v 为卫星传感器天顶角;θ_s 为太阳天顶角;Φ 为相对方位角;$\rho_a(\theta_v,\theta_s,\Phi)$ 为大气路径辐射;$\rho(\theta_v,\theta_s,\Phi)$ 为朗伯面的地表反射率;$F(\theta_s)$ 为在地表反射率归一化为零时,太阳—地表过程中总的辐射通量,等价于总的向下透过率,由于气溶胶和大气分子对太阳光的吸收与后向散射作用,它的值小于 1.0;$T(\theta_v)$ 为地面—卫星过程中总的透过率;ρ^* 为观测角和入射角上平均的地表反射率;S 为行星反照率;$1-\rho^* S$ 代表地面和大气层的多次散射作用。

在单次散射近似中,大气路径辐射 $\rho_a(\theta_v,\theta_s,\Phi)$ 与气溶胶光学厚度 τ_a、气溶胶散射相函数 $P_a(\theta_v,\theta_s,\Phi)$ 和单次散射反射率 ω_0 成比例:

$$\rho_a(\theta_{v''}) = \rho_m(\theta_v,\theta_s,\Phi) + \omega_0 \tau_a P_a(\theta_v,\theta_s,\Phi)/(4\mu_s\mu_v) \tag{6-3}$$

式中，$\rho_m(\theta_v\theta_s\Phi)$ 为大气分子散射构成的路径辐射；μ_s、μ_v 和分别为卫星、太阳天顶角的余弦。公式中的 $F(\theta_s)$、$T(\theta_v)$、S 都取决于 ω_0、τ_a、$P_a(\theta_v\theta_s\Phi)$，若不考虑气体吸收作用，则卫星传感器接收的表观反射率又可以表示为

$$\rho^*(\theta_v\theta_s\Phi) = \rho_m(\theta_v\theta_s\Phi) + \omega_0\tau_a P_a(\theta_v\theta_s\Phi)/(4\mu_s\mu_v) + \rho(\theta_v\theta_s\Phi)F(\theta_s)T(\theta_v)/(1-\rho^*S) \qquad (6-4)$$

由式（6-4）可以看出，大气上界卫星观测的表观反射率既是气溶胶光学厚度的函数，又是地表反射率的函数。卫星观测几何、地表反射率可以通过卫星数据得到，因此，若要利用地表反射率进行陆地气溶胶光学厚度遥感反演，需要选取一定的气溶胶和大气模式，以提供 ω_0、$P_a(\theta_v\theta_s\Phi)$ 等参数的值，当这些值都确定后，理论上就可以反演得到气溶胶光学厚度；反过来，若已知地面上空气溶胶光学厚度、气溶胶和大气模式，也可以反演出地表反射率，这就是气溶胶光学厚度遥感反演的理论基础。

6.3.2　植被净初级生产力

植被净初级生产力是指绿色植物在单位时间内单位面积上光合作用所产生的有机质总量中扣除自养呼吸的剩余部分。植被净初级生产力估算的方法包括 NPP 实测方法、统计模型、过程模型、参数模型和遥感反演。

GLO-PEM 模型估算 NPP 主要有 6 个模块，分别为植被吸收的光合有效辐射计算模块、潜在光能利用率计算模块、实际光能利用率计算模块、总初级生产力计算模块、自养呼吸计算模块、净初级生产力计算模块。驱动 GLO-PEM 模型的数据包括光合有效辐射、光合有效辐射吸收比率、土壤湿度、气温、相对湿度（李佳，2010）。

1. 植被吸收光合有效辐射

光合有效辐射（PAR）是植物光合作用的驱动力，对这部分光的截获和利用是生物圈起源、进化和持续存在的必要条件。光合有效辐射是 NPP 的一个决定性因子，而植物吸收的光合有效辐射（APAR）则尤为重要，直接用于估算 NPP。随着遥感技术的发展，APAR 可以通过遥感信息进行估算。因此，基于 APAR 的 NPP 模型将资源平衡的观点转换成了区域或全球 NPP 模型，得到了广泛运用。GLO-PEM 模型就是其中的代表。APAR 取决于太阳总辐射和植被对光合有效辐射的吸收比例，用式（16-5）表示：

$$APAR = FPAR \times PAR \qquad (6-5)$$

式中，PAR 为光合有效辐射；FPAR 为植被吸收光合有效辐射比率。

2. 潜在光能利用率计算

光能利用率(light use efficiency,LUE)是表征植物固定太阳能效率的指标,指植物通过光合作用将所截获吸收的能量转化为有机干物质的效率,是所有生产效率模型中的重要概念,也是区域尺度以遥感参数模型监测植被生产力的理论基础。潜在光能利用率(PLUE)是理想条件下植被具有的最大光能利用率。

植被的潜在光能利用率与 C_3、C_4 植物的光合途径有关。本书根据森林植被生物量判别 C_3、C_4 植物,森林植被生物量大于 2 kg/m^2,P_{C_3} =0,为 C_3 植物;森林植被生物量小于等于 2.0 kg/m^2。C_3、C_4 植物的比例按以上方法确定。对 C_3 植物来说:

$$\alpha = 0.08\left(\frac{P_i - \Gamma^*}{P_i + 2\Gamma^*}\right) \tag{6-6}$$

式中,α 为光合作用的量子效率(每 1 μmol 光子的 1 μmol CO_2);P_i 为叶片内部的 CO_2 浓度。

C_3 植物的光能利用率 ε_{c3} 为

$$\varepsilon_{c3} = 55.2\alpha \tag{6-7}$$

式中,ε_{c3} 的单位为 gC·MJ^{-1};α 为光合作用的量子效率。

对 C_4 植物来说,光能利用率为一个常量,2.76 gC·MJ^{-1}。

在 22℃ 时,C_3 植物和 C_4 植物的光能利用率相等。利用这一特点,该点温度通常用作计算 C_4 植物所占比例(P_{C_4} 单位%):

$$P_{C_4} = \frac{1}{1 + \exp[-0.5 \times (Ta - 22)]} \tag{6-8}$$

进而,植物潜在光能利用率 ε^* 为

$$\varepsilon^* = 2.76 P_{C_4} + (1 - P_{C_4}) \times \varepsilon_{C_3} \tag{6-9}$$

3. 总初级生产力计算

总初级生产力(gross primary production,GPP)代表了单位时间、单位面积内植被通过光合作用所固定的干物质总量。其计算公式如下:

$$GPP = APAR \times \varepsilon \tag{6-10}$$

式中,APAR 为植被所吸收的光合有效辐射(MJ·m^{-2}·d^{-1});ε 为植物现实光合利用率(gC·MJ^{-1})。

4. 植物自养呼吸计算

本书中将植物的自养呼吸(Ra)区分为维持性呼吸(R_m)和生长性呼吸(R_g),

表示如下：

$$Ra = \sum_{i=1}^{3} R_{m,t} + R_{g,t} \qquad (6-11)$$

式中，i 为不同的植物器官，$i=1$、2、3 分别为叶、茎、根。维持性呼吸和温度相关：

$$R_{m,t} = M_i \gamma_{m,t} Q_{10}^{(T-T_b)/10} \qquad (6-12)$$

式中，M_i 为植物的第 i 器官的生物量；γ 是植物器官 i 的维持性呼吸系数；Q_{10} 为温度影响因子；T_b 是积温。植物的生长性呼吸一般认为和温度无关，而只与总初级生产力成比例关系。分植被器官（叶、茎、根）给定维持性呼吸系数（γ_g）：

$$R_{g,t} = \gamma_{g,t} \times GPP \qquad (6-13)$$

5. 植被初级生产力计算

NPP 可以表示为

$$NPP = GPP - Ra \qquad (6-14)$$

式中，GPP 为植被总初级生产力；Ra 为植被自养呼吸。

6.4　研　究　结　果

1992 年、1998 年、2005 年和 2012 年四期夜间灯光数据具有显著的时空分异特征（图 6-1）。从整体上看，夜间灯光围绕杭州湾呈现"V"形的空间形态，将上海、嘉兴、湖州、杭州、绍兴和宁波等城市在空间上连接为一体。夜间灯光 DMSP/OLS 数据是监测城市空间动态信息的有效数据源。按照空间形态，城市扩张可以概括为点状、线状和面状三种模式：点状模式是在中心城区和交通廊道外出现新的城市用地；线状模式是中心城区和次城区的不同城市单元沿交通廊道进行扩展；面状模式是中心城区向外占用非城市用地进行扩张。1992~2012 年，上海、杭州和宁波的夜间灯光表现为围绕中心城区扩展的面状发展模式。嘉兴、绍兴和湖州表现为线状模式，主要依托公路和铁路等交通干线连接各城市，同时带动了城市用地的增长。

城市群的发展从根本上讲就是城市群经济的发展，凭借区域内部发达的经济体系，城市群不断将周围的人口、知识、信息、资金等要素向自身靠拢，形成强大的空间集聚态势和集聚效应，最终促进城市群经济向更快更强的方向发展。环杭州湾城市群作为长三角城市群的最南翼，同时又是浙江省政治、经济、文化和社会发展的引领者，其空间位置和经济发展的重要作用不言而喻。环杭州湾城市群经济发展现状主要特征为：经济发展水平高，经济实力强，城镇化水平高，城乡差距小。

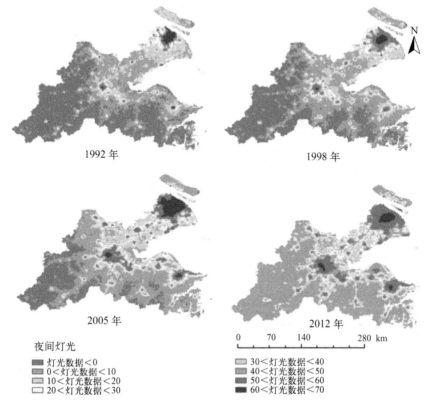

1992 年

1998 年

2005 年

2012 年

夜间灯光

灯光数据<0
0<灯光数据<10
10<灯光数据<20
20<灯光数据<30

0　　70　　140　　280 km

30<灯光数据<40
40<灯光数据<50
50<灯光数据<60
60<灯光数据<70

图 6-1　1992 年、1998 年、2005 年和 2012 年环杭州湾城市群夜间灯光空间特征图

据统计(图 6-2),2005 年,上海人均生产总值为 49 648 元,居环杭州湾城市群的首位。其后为杭州、宁波、嘉兴、绍兴和湖州,其人居生产总值分别为 44 853 元、44 156 元、34 706 元、33 283 元和 25 030 元。在 2015 年,杭州以人居生产总值139 653 元居首,宁波、上海、嘉兴、绍兴、湖州的人均生产总值分别为 136 773 元、

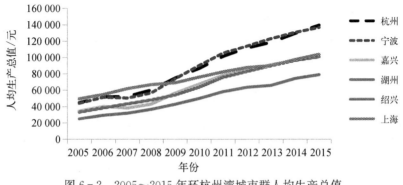

图 6-2　2005～2015 年环杭州湾城市群人均生产总值

103 795 元、100 852 元、100 796 元和 79 024 元。2005～2015 年,杭州、宁波、湖州、绍兴和嘉兴的人均生产总值增加了 211%、209%、215%、202% 和 190%,同期上海的人均生产总值增加 109%。

城乡居民可支配收入是从居民家庭总收入中扣除了缴纳给国家的各项税费等余下的收入。据统计(图 6 - 3),2005～2015 年,上海的城乡居民可收入支配差值始终领先于其他城市,表明上海的城乡居民收入仍存在较大的差距。2005 年,上海、绍兴、杭州、宁波、嘉兴和湖州的城乡居民收入差值分别为 10 303 元、9 812 元、9 584 元、8 946 元、8 182 元和 8 087 元。同比 2015 年,上海、绍兴、杭州、宁波、嘉兴和湖州的城乡居民可支配收入差距分别为 29 757 元、21 099 元、22 507 元、21 383 元、18 661 元和 17 828 元。在 10 年间,上海的城乡居民可支配收入的变化最大,增加了 19 454 元。

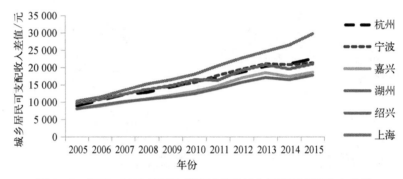

图 6 - 3　2005～2015 年环杭州湾城市群城乡居民可支配收入差值

图 6 - 4 是环杭州湾城市群气溶胶光学厚度(AOD)值于 2016 年 1～12 月的空间分布图。环杭州湾地区的 AOD 值范围为 0.0～1.0,高值区主要分布在上海,高值可达到 0.8 以上。低值区主要分布在杭州、绍兴和宁波,AOD 值为 0.2～0.4。高值区数值可达到低值区的 4 倍以上。整体的 AOD 值水平呈现东部高、南部低的特点。

环杭州湾城市群的 AOD 值在 2016 年的 3～5 月和 7～9 月处于高值期,在 1 月、2 月、6 月、10～12 月处于相对低值区,在一年内呈现出先增加再减少的趋势。通过上面分析可知,环杭州湾城市群在春夏季的 AOD 值比较高,气溶胶含量多;在秋冬季 AOD 含量相对较少。在杭州、绍兴和宁波,冬季的气溶胶光学厚度值与夏秋季相比变化不大,处于 0.2～0.4。

根据 2001 年 9 月至 2016 年 9 月环杭州湾城市群 AOD 值的空间分布得到 AOD 值的年际变化特征(图 6 - 5)。在 2001～2006 年,环杭州湾城市群的气溶胶光学厚度值为 0.2～0.4,之后处于持续增长的状态,但在 2008 年出现了一个极大值点,AOD 值范围为 0.8～1.0。从 2009 年开始,AOD 值处于缓慢减弱的趋势。上海、嘉兴和湖州的 AOD 值相对较高,为 0.6～1.0。杭州、绍兴和宁波的 AOD 值

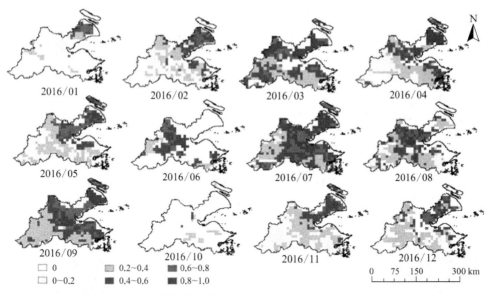

图 6-4　环杭州湾城市群 AOD 值 2016 年 1~12 月空间分布图

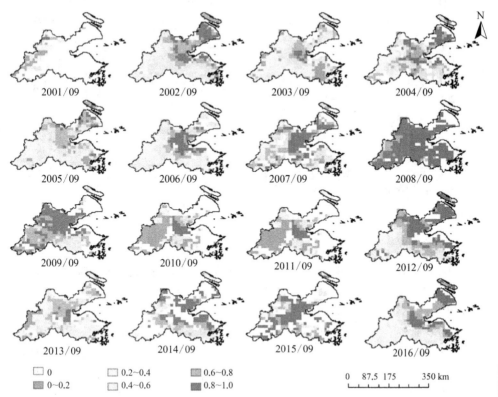

图 6-5　2001 年 9 月至 2016 年 9 月环杭州湾城市群 AOD 值空间分布图

相对较低,以 2010 年和 2011 年为代表,杭州的 AOD 值为 0～0.2。

从时序分布上看,环杭州湾城市群的植被净初级生产力(NPP)呈现增加—减少—增加—减少的趋势(图 6-6)。2005 年 1～3 月,NPP 为 0.5～2.5 gc/(m² · d)。4 月和 5 月,NPP 达到高值 3.0～4.5 gc/(m² · d)。6 月和 7 月,NPP 降低到 0.5～2.0 gc/(m² · d)的范围。8～10 月,NPP 升高为 3.0～4.5 gc/(m² · d)。在 11 月和 12 月,NPP 再次降低为 0.5～1.5 gc/(m² · d)。我国陆地植被净第一性生产力的季节变化与我国气温及地表太阳辐射的季节变化基本相同。在夏季气温及地表太阳辐射达到最大值时,植被净初级生产力也达到最大值。一年两季的农业覆被呈现出双峰的植被净初级生产力趋势。5 月份的 NPP 高值代表越冬作物生长最旺盛的时期。8 月份夏种作物进入生长旺期,此时水热及光照条件是该地区配合最好的季节。

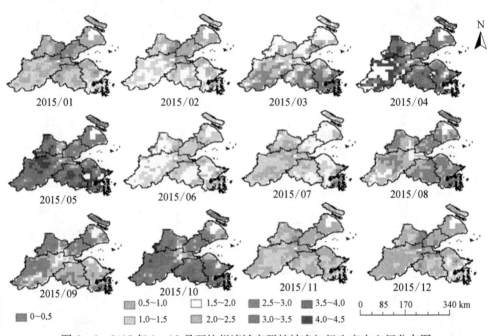

图 6-6　2015 年 1～12 月环杭州湾城市群植被净初级生产力空间分布图

2001～2016 年环杭州湾城市群植被净初级生产力总体上呈现下降趋势(图 6-7)。2001 年 NPP 为 2.0～4.5 gc/(m² · d)。同比最小值出现在 2012 年 9 月和 2016 年 9 月,NPP 为 0.5～1.5 gc/(m² · d)。高值出现在 2014 年,NPP 为 3.0～4.5 gc/(m² · d)。NPP 对气温和降水具有高度敏感性。一般而言,降水量增加可以改善土壤的水分供给条件,增强光合速率,从而提高生产力,因而降水量与植被 NPP 呈正相关关系。气温与植被 NPP 的关系比较复杂,一方面温度增高可以增加光合速率,提高生产力;另一方面温度升高使得蒸散加强,土壤变干,光合速率下降。当后者的作用大于前者时,NPP 下降;当前者大于后者时,NPP 增加(苗茜等,2010)。

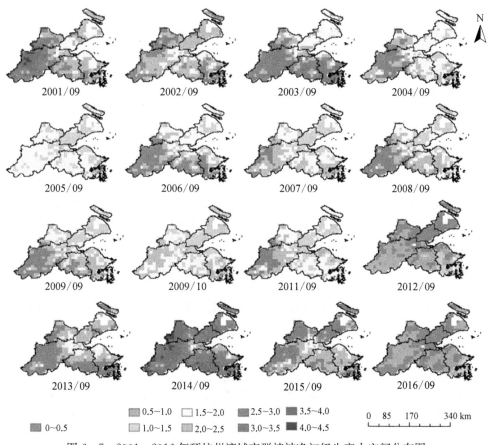

图 6-7　2001~2016 年环杭州湾城市群植被净初级生产力空间分布图

空间分布上，环杭州湾城市群的 NPP 呈现出南高北低、西高东低的布局。2001~2006 年，杭州的 NPP 始终处于高值，其次是宁波和绍兴。上海和嘉兴的 NPP 处于较低值。在 2004~2011 年，上海和嘉兴的 NPP 范围为 1.0~2.0 gc/(m^2·d)；2013~2015 年，NPP 范围为 2.0~3.5 gc/(m^2·d)。除气候因素对 NPP 的扰动外，土地利用模式也对 NPP 的值产生比较大的影响。农田贡献了上海 NPP 的大部分，林地是杭州 NPP 的主要来源（高志强和刘纪远，2008）（表 6-1）。

表 6-1　多模式模拟的中国 2000 年不同土地覆盖类型下的 NPP

（单位：gc/(m^2·d)）

土 地 覆 盖	CEVSA	CASA	GLOPEM	GEOLUE	GEOPRO
常绿针叶林	358	464	355	586	249
常绿阔叶林	718	561	718	1 086	622

续　表

土地覆盖	CEVSA	CASA	GLOPEM	GEOLUE	GEOPRO
落叶针叶林	352	498	367	657	268
落叶阔叶林	472	515	451	565	316
混交林	707	546	669	957	625
灌木林	700	492	616	723	561
草地	208	245	145	178	168
耕地	577	362	474	372	344
未利用地	33	69	32	23	20

　　2016 年,环杭州湾城市群的地表温度呈现出西低东高的空间分布(图 6-8)。上海、绍兴和宁波表现出强热岛效应,杭州、嘉兴和湖州为弱热岛效应。绍兴和宁波的强热岛效应出现在 2 月和 3 月,上海的强热岛效应出现在夏季,即 5 月和 8 月。目前公认城市热岛效应主要是城市化的结果,但与气象要素的异常有紧密联系。例如,地面风速可以带走城市热量和温室气体,减小城市热岛效应;降水可以起到净化空气的作用,有利于污染物的扩散,同时,有降水必然有上升运动,上升运

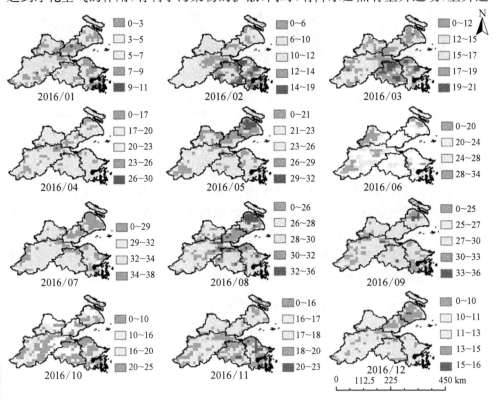

图 6-8　2016 年 1～12 月环杭州湾城市群地表温度空间分布图

动将城市热量和污染物输送到高空扩散等。

2001~2006 年,环杭州湾城市群地表温度总体呈现上升趋势(图 6-9)。上海、杭州、嘉兴、绍兴和宁波的热点中心逐渐扩大,且热岛效应的强度在不断增加。2016 年 8 月与 2001 年 8 月相比,地表温度整体增加 5℃以上。湖州的热岛现象相对不明显。杭州地表温度较低的位置位于西南方向,对环杭州湾城市群整体的热岛效应减缓作用较小。合理规划,布局城市建筑。在城市建设设计中,要把建筑设计和地形地貌有机地结合起来,在设计中注重选择自然通风、采光好的方案和低能耗的采暖、降温系统。在新区建设或老城改造时,必须考虑地面常年主导风向,科学建立城市生态廊道系统。根据城市的主导风向,在市区逐步建立合理的生态廊道体系,将城市外围凉爽、洁净的空气引入城市内部,有效缓解城市内部的热岛效应。同时,可促进市与外围的物质、能量流动,使生态系统得以恢复和完善。

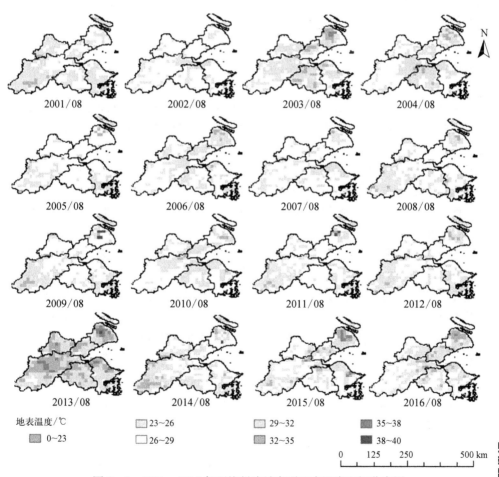

图 6-9　2001~2016 年环杭州湾城市群地表温度空间分布图

在地表温度反演过程中,仍存在相当一部分的干扰因素影响其反演精度(蔡国印,2006)。

第一个主要问题就是红外窗口地表比辐射率的变化对地表温度反演造成的潜在影响。许多地表温度的算法都是基于地表均一的,其比辐射率为某一定值。但对地表覆盖类型复杂的陆地表面来说,是相差很大的。地表的比辐射率与众多因素有关,如水分含量、植被结构、温度以及地表粗糙度等。此外,不同的波段范围,地表的比辐射率也是不同的。

第二是能量平衡各辐射分量很难精确测定。研究习惯以温度来衡量热量,而地表温度不仅取决于净辐射,还取决于能量平衡中的其他三个分量:由大气湍流所引起的显热通量、由地表水分蒸发和植被蒸腾所引起的潜热通量以及由土壤性质所控制的土壤热通量。也就是说,引起地表温度变化的不仅仅是太阳辐射和大气辐射,还要考虑大气湍流和地表性质。因此,地表温度的波动幅度远远大于太阳辐射的波动幅度。

第三是大气下行辐射很难纠正。由于地表比辐射率明显小于1,大气下行辐射效应的精确修正依赖于已知地表比辐射率,要得到地表比辐射率又要确知地表辐射亮度,精度依赖构成了死循环。

第四是缺乏与遥感尺度反演的地表温度相一致的地面验证数据。实际工作中,与遥感反演得到的地表温度的时间尺度和空间尺度相一致的地面实测地表温度数据非常少。试验基地与实际地表的复杂情况比较起来,就显得比较单一。例如,测定某种植被的地表温度与反演地表温度进行对比,结果很好,但不能说明其他地表覆盖的地表温度反演精度也达到了同样的水平。

图6-10呈现了环杭州湾城市群4期土地覆被的空间分布,1992年、2000年、2008年和2015年。土地覆被类型主要包括林地、耕地、草地、建筑用地和水域。23年间,上海、杭州、宁波和绍兴建设用地面积明显扩张。其中上海建设用地呈单点增加,杭州、宁波和绍兴的建设用地扩张呈现多中心。扩张速度大小依次是上海、杭州、宁波和绍兴。在环杭州湾城市群中,上海、嘉兴和湖州以耕地和草地为主,杭州、绍兴和宁波以林地为主。林地的地表粗糙度大于耕地和草地。在环杭州湾城市群整体层面上,应该设计城市群生态基础设施规划。生态基础设施是由斑块、廊道和基质组成的,但并不仅仅是这些组分的简单组合,而应该是由这些具有不同特点和不同功能的要素相互连接而成的一个有机网络体系。城市群生态基础设施是将生态用地进行有效连接,组成一个生态高效的网络整体,如保护物种及栖息环境,减少水土流失和调蓄洪水,净化污水,导向和约束城市扩张。

图6-11呈现了环杭州湾城市群不透水面的20年变化。红色通道为2015年不透水面,绿色通道为2005年不透水面,蓝色通道为1995年不透水面。3期数据

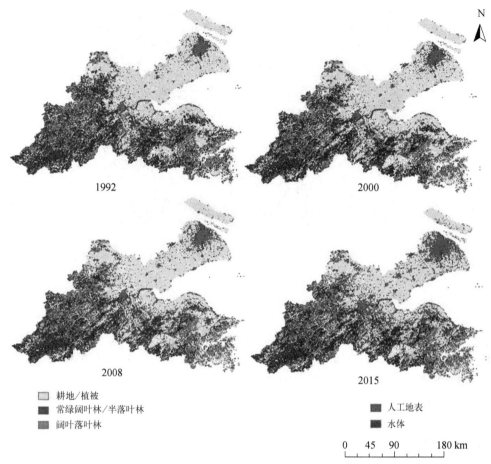

图 6-10　1991 年、2000 年、2008 年、2015 年环杭州湾城市群 4 期土地覆被空间分布图

叠加后,白色部分表明 20 年间,土地覆被始终为不透水面;黑色部分为 20 年间,土地覆被非不透水面用地。上海的内环用地呈现高光白色,1995～2015 年,为高覆被的不透水面。杭州、绍兴和宁波的不透水面用地在城市的北部,非不透水面用地在城市的南部。上海、绍兴和宁波的不透水面用地发展集中在 1995～2005 年。杭州、湖州和嘉兴的不透水面用地发展出现在 2005～2015 年。从空间连通性上看,上海与嘉兴之间、杭州与湖州之间有较大面积的非不透水面。网络化空间格局下,区域内外交往,从相互独立的弱联系状态转变为多点互动的强联系状态。上海对于环杭州湾地区的早期发展形成了区域经济发展过程中的"鲶鱼效应",逐渐转化为互动发展。这为实现各城市高密度无缝对接,加快弱化各自行政区域界线,增强基础设施的共享性,降低区域间的交易成本,起到了重要的作用。

不透水面丰度

红：2015
绿：2005
蓝：1995

图 6 - 11　1995 年、2005 年、2015 年环杭州湾城市群不透水面 3 期数据空间分布图

6.5　小　　结

随着城市规模的迅速扩大，城市人口迅速增加，势必会对城市居住环境产生影响，尤为突出的是城市热岛效应。工业交通的发展必会占据大量的森林、农田、草地，对农林业的发展产生显著的影响，特别是对 NPP 的影响尤为突出。因此，有必要建立一个切实可行的生态-气候监测系统，对该地区土地覆盖变化、空气质量、城市热岛、NPP 进行实时的监测与预测，这对保护耕地资源、改善生态环境、提高城市人居环境、合理利用气候资源、保持农林业的可持续发展都有着重要的指导和现实意义。

第7章 气候变化背景下的青海湖流域生态效应

　　青海湖流域位于青藏高原东北部,青海湖是中国最大的内陆盐湖。青海湖和整个流域处于潮湿季风和内陆干旱地区过渡带,对全球气候和环境变化敏感。青海湖流域是脆弱生态系统的典型区域,也是生物多样性保护和生态环境建设的重点区域(Zhu et al.,2014)。此外,湖泊也是气候和环境变化的指标。区域气候变化和人类活动在过去几十年对湖泊有深远影响(Shi et al.,2014b;Wang et al.,2014a)。湖面变化将改变水循环和能量交换,进一步影响生态系统。因此,监测湖泊的时间变化是十分重要的(Sheng et al.,2016)。

　　目前已经提出的水域遥感图像绘制方法包括视觉解释、阈值处理、图像分类、光谱混合分析、边缘检测、纹理分析等。阈值处理利用阈值识别陆-水界面,并采用频谱指标,涉及归一化差异水指数(NDFI)(McFeeters,1996)、修正归一化差异水指数(MNDWI)(Xu,2006)和地表水指数(LSWI)(Chandrasekar et al.,2010)。监督分类技术包括监督最大似然(Otukei and Blaschke,2010)、光谱角映射(Kumar et al.,2015)、人工神经网络(Petropoulos et al.,2010)、决策树和支持向量机(Otukei and Blaschke,2010)。监督分类的主要挑战是类别数量的先验信息。引入光谱混合分析以产生每个像素内的水域丰度,这种方法是由从物理角度分的每个像元的光谱组成(Small and Milesi,2013)。Feyisa等引入一种新的自动水提取指数(AWEI),提高了分类精度,以识别阴影和暗面(Feyisa et al.,2014)。Yang等提供了模糊聚类方法(FCM)来提高反射异质环境下的水分检测精度(Yang et al.,2015)。

　　遥感技术对青藏湖时空变化的应用包括湖泊范围变化、水位变化、水体特性和湖泊地质环境四个方面。监测水域的图像数据主要来自 NOAA/AVHRR、MODIS、Landsat、CBERS、ASTER、SPOT 和 IKONOS(Song et al.,2014)(图7-1)。青藏高原总面积从 20 世纪 70 年代的 35 638.11 km² 上升到 2011 年的 41 938.66 km²(Song et al.,2013)。基于 Landsat MSS/TM/ETM 数据,青海湖从 20 世纪 70 年代到 2000 年不断缩小,2000~2010 年逐渐扩张(Feng and Li,2006;Li et al.,2012;Liu et al.,2013;Shao et al.,2008;Shen and Kuang,2002;Su et al.,2014;Yan and Zheng,2015)。基于 Landsat 数据和 CBERS 数据,1975~2005 年,青藏高原北部的湖泊面积增加了 132.2 km²(Bian et al.,2006)。基于 NOAA/AVHRR 数据,1991~2004 年,青海湖区下降了 105.73 km²(Liu and

Liu,2008)。另一项研究显示,利用 Landsat 数据,青藏湖面积从 1977 年至 2004
年下降了292.70 km²(Li et al.,2008)。青藏高原湖泊面积在 9～12 月稳定,变化
幅度在 2‰以内(Li et al.,2011a)。2003～2009 年,由 ICESat/GLAS 数据得知青
海湖水位增加,支持全球变暖导致冰川融化的结论(Wang et al.,2013;Zhang et
al.,2011;Zhu et al.,2014)。2001～2010 年,青海湖年平均湖面水温上升约
0.01℃/a(Fei et al.,2013)。1978～2006 年,青海湖的湖泊冰期缩短了 14～15 天
(Che et al.,2009)。基于 SPOT 和 MODIS 数据,青藏高原东北部植被的生长季
始期逐步提前,结束期延后(Ding et al.,2013;Kang et al.,2016)。

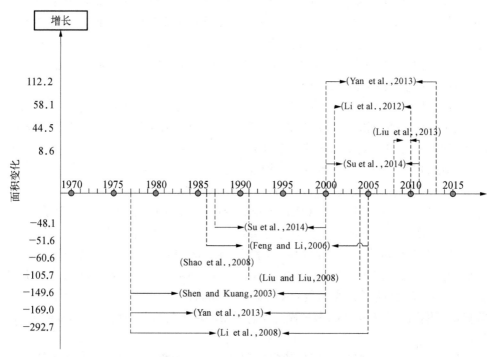

图 7-1　青海湖面积变化文献综述

　　中等分辨率成像光谱仪(MODIS)具有高时间分辨率,可以检测季节和国际陆
地表面变化,但具有较低的空间分辨率。对于 Landsat 数据集,由于云污染,难以
获得连续的图像。因此,结合图像的精细时间和空间分辨率可以为湖泊变化观测
提供有效的解决方案。湖泊变化与气候变化、人为影响和季节变化有关。为了长
期检测湖面,需要比较和评估不同月份和年份的湖面积。一个有效的方法是用
Landsat 数据绘制出具有精细空间分辨率的湖泊,抑制云噪声,并利用高频时间分
辨率的 MODIS 作为参考数据。基于 Landsat 的每期数据通过百分位数获取不带
云的像元,并获得新的图像。

青海湖流域位于青藏高原和亚洲半干旱气候敏感带,具有独特的高寒半干旱生态系统特征,是一个综合性的自然、社会和经济复合生态圈。在当今全球气候变化的背景下,青藏高原已经被科学界公认为是进行人类活动和生态环境冲突研究的重要试验基地。尤其近 10 年来,青海湖流域在气候变化和人类活动的双重干扰下,植被物候和水域变化并存,然而针对气候变化对植被物候和水域时空变化影响的研究尚不足。

7.1　青海湖流域研究区介绍

青海湖流域位于青海省东北部(36°15′～38°20′N,97°50′～101°20′E),占地面积 29 661 km²(图 7-2)。青海湖流域是青藏高原内陆盆地。青海湖流域海拔为 3 194～5 174 m(Chen et al.,2008)。1957～2015 年,青海湖流域内平均降水量为 400 mm(Hu et al.,2016)。1959～2005 年的最高气温和最低气温分别为19.8～35.7℃和−36.9～15℃(Xu et al.,2007)。青海湖流域位于半干旱、高寒高原气候带(Wang et al.,2011)。高寒草甸是青海湖流域的主要植被类型,占总面积的 55.9%(Zhang et al.,2015)。青海湖是中国最大的盐湖,东西长 104 km,南北宽 60 km。青海湖上游源自 40 多条河流,83% 的径流来自其中的 5 条河流。此外,较

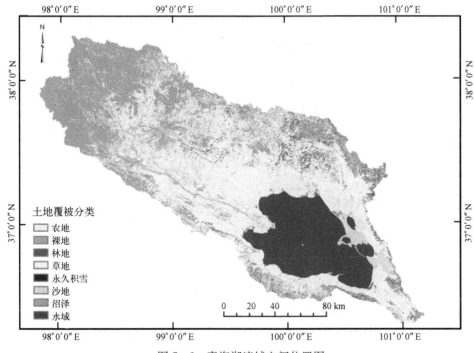

图 7-2　青海湖流域空间位置图

小部分的青海湖水来源于周围山脉渗透的地下水。青海湖流域最长的河流是布哈河,占全部径流量的近一半,径流量为 $7.85\times10^8\,\mathrm{m^3/a}$(Li et al.,2009)。

7.2　数　据　源

7.2.1　Landsat

Landsat 数据包括 Landsat5 - TM、Landsat 7 - ETM 和 Landsat 8 OLI。最大云覆盖量为 50%,下载于 USGS 网站(行/列分别为 133/34、133/35 和 134/34),年份包括 1992 年、1996 年、2001 年、2006 年、2009 年和 2015 年。Landsat 图像中的云和云影由 Fmask 算法掩膜(Zhu and Woodcock,2012)。Landsat 影像的数值由 ARCOR - 2 转化为地表反射率和表面温度(Richter and Schläpfer,2005)。基于地表反射率,计算归一化水域指数,最后转化投影为 WGS - 84 坐标系。基于无云数据得出光谱时序矩阵。光谱时序矩阵移除了与云相关的数据丢失的影响,并利用与季节性水动态相关的时间模式。基于所有的清晰观测,分别计算了第 10、25、50、75 和 90 百分位数的 NDWI。

7.2.2　Landsat 分类

本书使用已发表的论文和 Google Earth 图像作为参考数据(Wang et al.,2015;Yin et al.,2014)。土地分类训练样本分为水、草地、森林、耕地、居民点、沙地、裸地和积雪八类。每个训练样本可以表示 100 m 半径内的匀质地表覆被。1992～2005 年,选择一致的地表样点作为训练样本。训练样本不能保证位于 30 m×30 m 的 Landsat 的纯净像元中。然后假定大多数样点是纯净的训练样本,并且分类器可以处理一些不合适的点。随机森林方法用训练集处理分类,并计算每个类投票的熵(0～1)(Mack et al.,2017),通过投票熵来计算置信度和测试分类的准确度。

7.2.3　MODIS NDWI

利用 MODIS 天数据的光谱反射率,计算 NDWI(McFeeters,1996)。

$$NDWI = (Green - NIR)/(Green + NIR) \tag{7-1}$$

式中,Green 为绿光波段(0.86 μm)反射率;NIR 为红外波段(1.24 μm)反射率。水体在可见光谱中具有高反射率,在红外波段中具有低反射率(Gao,1995)。McFeeters 的 NDWI 旨在:① 通过使用 Green 使水体的反射率最大化;② 通过使用 NIR 使植被的反射率最小化;③ 由于其在 NIR 中的高反射率,限制了植被和土壤的信息。通过以上方法使水体反射率得到提高并具有正值,而植被和土壤受到限制并具有零值或负值。因此,水体可以通过阈值法进行分类。

7.2.4　MODIS NDVI

250 m 的 MODIS09Q1 复合数据从 NASA 的 Land Process Distributed Active Archive Center(LP DAAC)下载。影像数据 h25v05 和 h26v05 覆盖 2000 年 2 月至 2016 年 10 月。每个 MOD09Q1 像元包含高观测覆盖度、低视角、无云和气溶胶信息的二次观测。NDVI 是基于 MOD09Q1 的红光数据和近红外数据计算得出的。

7.3　研 究 方 法

7.3.1　决策树分类

根据 Google Earth 和高分辨率影像,在 Arcgis 上随机选择 500 个样本点,地类包括耕地、林地、草地、沼泽、水域、永久积雪、裸地和沙地八类。每个样本点的覆盖范围为 100 m。决策树规则的制定有多种方法,如 C4.5 算法、S‐PLUS 算法、ID3 算法等,本书采用相对比较成熟的 C4.5 算法。该算法由 J.Ross Quinlan 在 ID3 的基础上改进而来,其基本原理为:首先从根节点处的所有样本开始,选取一个区分度最大的属性来区分这些样本;然后对根节点上所选用属性的每一个量产生一个分支;再根据分支属性值把与其相对应的样本子集移到新生成的子节点上;最后将 C4.5 算法递归应用于每个子节点,直到子节点的所有样本都被分到某个类中,这时决策树的叶节点的每条路径都表示一个分类规则,决策树搭建完成。该算法选择属性时采用信息增益比例,克服了 ID3 算法采用信息增益而导致取值较多的属性被选为节点的问题。

C4.5 决策树分类过程如下:设类标记元组训练集为 D,该训练集有 m 个不同属性值,m 个不同类 $C_i(i=1,2,\cdots,m)$,其中,C_iD 表示训练集 D 中 C_i 类的元组的集合;$|D|$ 和 $|C_iD|$ 分别表示 D 和 C_iD 中的元组个数。对 D 中元组分类所需的期望信息为

$$\text{Info}(D) = -\sum_{i=1}^{m} P_i \log_2(P_i) \tag{7-2}$$

式中,P_i 是任意样本属于 C_i 的概率,$P_i = C_i/C$。现在假定按照属性 A 划分 D 中的元组,且属性 A 将 D 划分成 V 个不同的类(即 $D_j, j=1,2,3\cdots,v$)。在该划分之后,为了得到准确的分类信息,引入下面的模型进行判断:

$$\mathrm{Info}A(D) = \sum_{j=1}^{v} \frac{|D_j|}{|D|} \times \mathrm{Info}(D_j) \tag{7-3}$$

原来的信息熵 $\mathrm{Info}(D)$ 与新需求 $\mathrm{Info}A(D)$ 之间的差即为信息增益,表达式如下:

$$\mathrm{Gain}(A) = \mathrm{Info}(D) - \mathrm{Info}A(D) \tag{7-4}$$

本书提到,依靠信息增益分类会导致取值较多的属性被选为节点的概率较大,为消除这种偏差,引入信息增益率模型,该模型使用分裂信息(Split)对信息增益率进行规范:

$$\mathrm{SplitInfo}\,A(D) = -\sum_{j=1}^{v} \frac{|D_j|}{|D|} \times \log_2\left(\frac{|D_j|}{|D|}\right) \tag{7-5}$$

式(7-5)表示通过将训练集 D 划分成对应于属性 A 测试的 v 个输出的 c 个划分产生的信息。信息增益率定义为信息增益 $\mathrm{Gain}(A)$ 与分裂信息 $\mathrm{SplitInfo}A(D)$ 的商。

7.3.2   NDWI

McFeeters(1996)基于绿波段与近红外波段提出了 NDWI,表达式如下:

$$\mathrm{NDWI} = (G - \mathrm{NIR})/(G + \mathrm{NIR}) \tag{7-6}$$

式中,G 和 NIR 分别代表绿波段和近红外波段反射率。在理想情况下,NDWI 为正值时表示地面有水、雨雪覆盖;NDWI 等于 0 时表示地面覆盖为岩石或裸土等;NDWI 为负值时表示有植被覆盖。但实际情况下,由于受水体表面植被等多种影响,区分水体与其他地物的阈值往往不为零。

阈值法提取水体主要是根据不同地物之间灰度值的差异,根据 NDWI 图像的直方图确定适当的阈值区分水体与非水体。阈值的选取是一个关键而难解决的问题。以往研究发现,水体阈值随影像的变化而变化,因而需要根据具体的研究区域对每个时期的影像分别确定合适的阈值。本书在具体确定阈值的过程中,主要是基于不同地物之间灰度值的差异,根据 NDWI 直方图人机交互的分析方式加以确定。通常情况下,NDWI 图像的直方图呈现双峰的分布形态,为了得到最优的阈值,首先基于直方图中水体与非水体波谷位置中的点确定水体提取的最初阈值(Bryant,1999)。在此基础上,不断调整阈值的大小直到提取出的水体与湖岸及原始影像上的水体分布达到最佳匹配,最终确定最优的阈值(Liu et al.,2012a)。本书根据 NDWI 图像的直方图分布,并结合多光谱影像目视解译,通过反复比对,最终确定水体提取阈值。

7.3.3　植被物候提取

TimeSat 软件(Eklundh and Jönsson,2010;Jönsson and Eklundh,2004)是由 Jönsson 与 Eklundh 共同开发的用于植被指数时间序列数据集重建及植被生长物候信息提取的程序包。下载软件及测试数据的网址为 http://www.nateko.lu.se/TIMESAT/timesat.asp。

书中使用的数据受云、大气和太阳高度角等的干扰,使得 NDVI 时间序列曲线呈现锯齿状的不规则波动变化,不适用于直接提取物候信息,需要进一步对 NDVI 时间序列数据进行噪声去除,减少噪声和缺失值影响(Simpson and Stitt,1998;Tanre et al.,1992),重建平滑的时间曲线,更好地描述 NDVI 随季节的变化情况。TimeSat 软件为植被指数时间序列的重构提供了一个可视化和选择性的工具,其中时间序列重建方法主要包括 Savitzky-Golay 滤波法(S－G)、非对称高斯函数拟合、双 Logistic 函数拟合(D－2)。

三种拟合重建算法的基本思想为:

(1)非对称高斯函数拟合。基于分段高斯函数拟合方法是一个从局部拟合到整体拟合的过程,使用分段高斯函数拟合来模拟植被生长程,最后通过平滑连接各高斯拟合曲线实现时间序列重建。其过程大致分为区间提取、局部拟合和整体连接三步。

(2)双 Logistic 函数拟合。双 Logistic 函数拟合是由 Beck 等于 2006 年提出的一种新算法,与非对称高斯函数拟合类似,双 Logistic 函数拟合也是新的半局部拟合方法。将整个时间序列中时间点对应的值按极大值或极小值分成多个区间,分别对该区间进行双 Logistic 函数局部拟合,其处理过程与 AG 类似。

(3)Savitzky-Golay 滤波法。Savitzky-Golay 滤波是 1964 年由 Savitzky 和 Golay 提出的一种应用最小二乘卷积拟合来平滑和计算一组相邻值的函数(Savitzky and Golay,1964)。它是一种移动窗口的加权平均算法,但其加权系数不是简单的常数窗口,而是通过在滑动窗口内对给定高阶多项式的最小二乘拟合得出的。该方法有两个重要的参数,一个是平滑窗口的大小(奇数),另一个是拟合的次数。在本书中,经过反复调试,获取较为适合的参数。

利用 TimeSat 软件对原始 NDVI 时间序列进行平滑处理,其关键步骤为设置参数(宋春桥等,2011),主要参数设置包括:总行数(No. of rows)、总列数(No. of columns)、年数(No. of years)、每年的数据期数(No. of datas points per year:46)、NDVI 有效值域(range of values from:-10 000 to 10 000)、滑动窗口大小(Sav.-Golay wind.size:5)、拟合峰值参数(alptitude)、拟合方法(spike method:2:asymm.Gauss)、迭代次数(No. of envelope iteration:2)、季节开始值[value for season start(0～1):0.5]、季节结束值[value for season stop(0～1):0.5]。

NDVI 时间序列以时间为坐标轴形成的数据曲线描述了作物一个生长季的 NDVI 变化特征,NDVI 在作物生长周期内经历了升高—到达顶峰—降低的过程。这种动态变化曲线表现了作物的一个发育过程:播种、出苗、抽雄、成熟、收获。经过平滑去噪之后的 NDVI 时间序列曲线可反映作物生长的年内动态变化特征,根据该曲线提取农作物物候参数。借助 TimeSat 可以提取 7 种物候参数 a、b、c、d、e、f、g,其中,a、b 为生长季始期和生长季末期,分别定义为当 NDVI 增加(减少)至拟合函数左半部分(右半部分)振幅 50% 的时刻;c、d 分别为 NDVI 左右导数,定义为 NDVI 增(减)至左(右)半部分振幅 80% 的时刻;e 为生长季长度,是生长季末期与生长季始期之间的差值;f 为生长季期间 NDVI 的积分,即 NDVI 拟合曲线与左半部分最小值与右半部分最小值的均值之间的区域面积;g 为生长季振幅,是 NDVI 时间序列曲线峰值及左半部分最小值与右半部分最小值的均值之间的差值。

7.4 研究结果

青海湖流域 1992 年、1996 年、2001 年、2006 年、2009 年和 2015 年的水域面积分别为 4 353.17 km²、4 286.98 km²、4 278.43 km²、4 306.46 km²、4 308.91 km² 和 4 392.8 km²。1992～2001 年减少 74.74 km²,2001～2015 年增加了 114.37 km²,1992～2015 年水域面积共计增加 39.63 km²(图 7 - 3)。冰雪融水形成的河水是青海湖水源的主要补给。

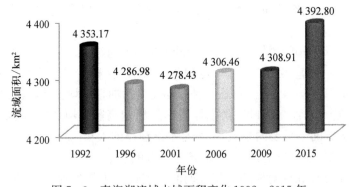

图 7 - 3　青海湖流域水域面积变化 1992～2015 年

由于水位的下降及沙质荒漠化程度的增强,青海湖东部湖泊形态发生了明显变化,湖体出现了明显的分离现象,沙岛湖和海晏湖已形成了游离于青海湖之外的两个子湖。1975 年,沙岛湖南部与青海湖的水面连接宽度为 1 600 m,而至 1987 年,沙岛湖与青海湖完全分离,两湖之间现在相隔宽度达 1 000 m,中间被沙质荒漠化土地所覆盖。1975 年,海晏湖西北部与青海湖相通,至 1987 年,西北部出现分离,而东南部相通,至 2000 年,海晏湖与青海湖完全分离。

随着青海湖周围地区农牧业及旅游业的发展,过度垦荒、过度放牧及公路等基础建设造成了地表植被盖度的降低,加剧了青海湖地区的土壤侵蚀强度,输入青海湖的泥沙量也明显增加。从 1992 年和 2001 年遥感图像的对比可以看出,在耕地分布集中和面积增长较快的哈尔盖曲、乌曲和布哈河入湖处存在严重的泥沙淤积,引起了水深明显变浅(高会军等,2005)。

1992～2001 年,水域转为裸地的最多,为 54.62 km²,永久积雪转为水域的最多,为 16.75 km²(图 7 - 4)。水域转为其他用地类型的分别为:草地 2.71 km²、林地 4.04 km²、沼泽 1.35 km²、沙地 13.34 km²、永久积雪 17.91 km²。其他用地类型转为水域的分别为:草地 0.11 km²、林地 0.34 km²、沼泽 0.03 km²、沙地 0.05 km²、裸地 1.96 km² 和永久积雪 16.75 km²。

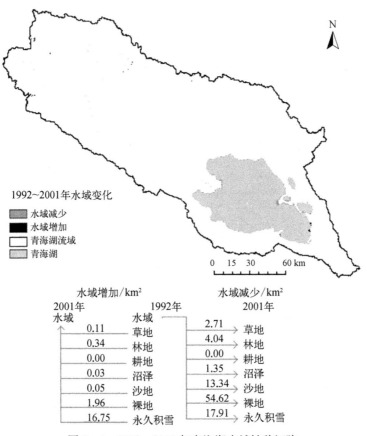

图 7 - 4　1992～2001 年青海湖水域转移矩阵

　　2001～2015 年,水域转为永久积雪的最多,为 23.69 km²,裸地转为水域的最多,为 72.12 km²(图 7-5)。水域转为其他用地类型的分别为:草地 0.03 km²、林地 0.21 km²、沼泽 0.02 km²、沙地 0.04 km²、裸地 11.20 km²。其他用地类型转为水域的分别为:草地 13.63 km²、林地 10.29 km²、沼泽 4.73 km²、沙地 31.77 km²、裸地 72.12 km² 和永久积雪 17.03 km²。

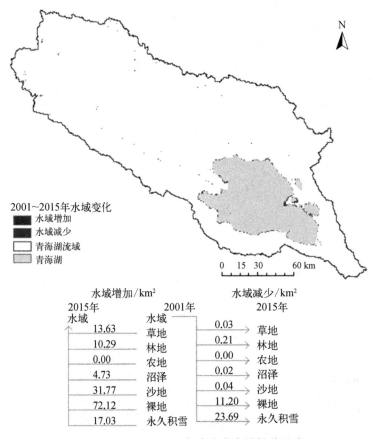

图 7-5　2001～2015 年青海湖水域转移矩阵

　　图 7-6 呈现的是 2003～2015 年青海湖水域频率。其总体呈现上升趋势,水域频率均值在 250～280 天。其中,2012 年水域频率出现同比分布最低值。2014 年和 2015 年,水域频率出现在 290～330 天。2010 年水域频率最大值比 2005 年多 4 天;2015 年水域频率最大值比 2010 年多 7 天。水域频率高值出现在湖的西部和中部,低值出现在东南部,主要与纬度和水深有关。其次,水域变化比较大的是青海湖的子湖,水域频率呈现明显的增加趋势,2014 年和 2015 年,水域频率均值为 250 天。水域频率总体呈现上升趋势,2012 年为异常值。

　　2003～2015 年青海湖冰期总体呈下降趋势,2012 年为异常点。冰期为曲折变

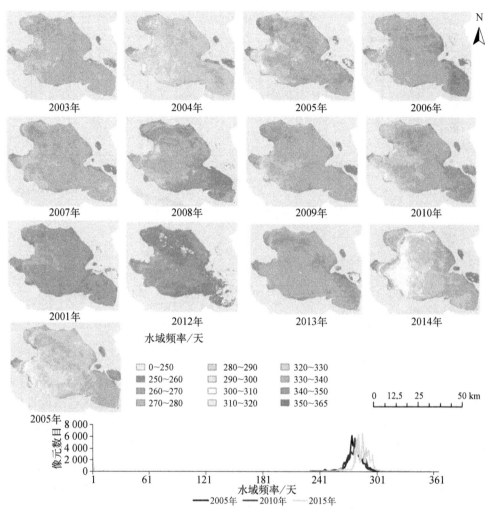

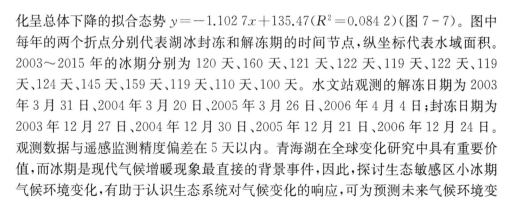

图 7-6 青海湖水域频率 2003~2015 年

化呈总体下降的拟合态势 $y=-1.102\,7x+135.47(R^2=0.084\,2)$(图 7-7)。图中
每年的两个折点分别代表湖冰封冻和解冻期的时间节点,纵坐标代表水域面积。
2003~2015 年的冰期分别为 120 天、160 天、121 天、122 天、119 天、122 天、119
天、124 天、145 天、159 天、119 天、110 天、100 天。水文站观测的解冻日期为 2003
年 3 月 31 日、2004 年 3 月 20 日、2005 年 3 月 26 日、2006 年 4 月 4 日;封冻日期为
2003 年 12 月 27 日、2004 年 12 月 30 日、2005 年 12 月 21 日、2006 年 12 月 24 日。
观测数据与遥感监测精度偏差在 5 天以内。青海湖在全球变化研究中具有重要价
值,而冰期是现代气候增暖现象最直接的背景事件,因此,探讨生态敏感区小冰期
气候环境变化,有助于认识生态系统对气候变化的响应,可为预测未来气候环境变

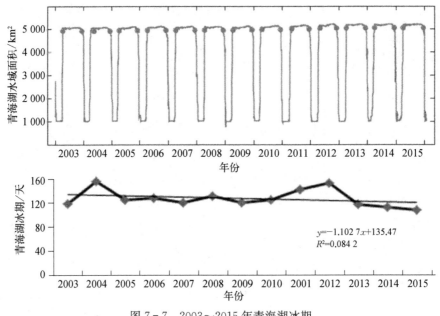

图 7-7　2003～2015 年青海湖冰期

化趋势提供科学依据。

　　2001～2015 年,青海湖流域植被平均返青期为第 140 天,植被最早进入返青的时间为 4 月中下旬。截止到 6 月上旬(160 天),流域内多数的植被进入返青期,整个进入返青期历时约 60 天(图 7-8)。受流域地势变化的影响,植被进入返青期的时间在空间上呈现由东南向西北延迟的水平地带性变化趋势。青海湖南岸、倒淌河子流域及布哈河入湖口海拔较低的区域(3 200～3 300 m),土壤湿润,是流域内植被最早进入返青期的地区。5 月上旬(120～130 天),随着温度的升高,植被返青开始向四周较高海拔区域扩展,尤其在北部多高山分布地区,植被进入返青期的时间表现出垂直非地带性,海拔较低、水分条件较好的河流沟谷地带的植被陆续进入返青期。5 月中旬至 6 月上旬(130～160 天)是流域植被返青高峰期,多数的植被返青集中在该时间段内。受高海拔低温的影响,流域西北部海拔在 3 800 m 以上的高寒荒漠植被的返青期,一般集中在 6 月中旬(160～180 天)。青海湖北岸、南岸种植油菜的农田返青期集中在 6 月上旬(150～160 天),主要是由当地农民在 5 月下旬的播种所决定。2015 年比 2001 年的植被返青期提前 10 天以上。

　　流域内植被平均枯黄期为第 260 天,大约在 8 月中旬植被开始陆续进入枯黄期,10 月中旬结束。流域植被全部进入枯黄期历时约 60 天。流域内植被在先后进入枯黄期空间格局上呈现由西北向青海湖四周低海拔区域扩展的变化趋势,与进入返青时间的空间格局相反。8 月(230 天)开始,受高海拔地区降雪等因素的影

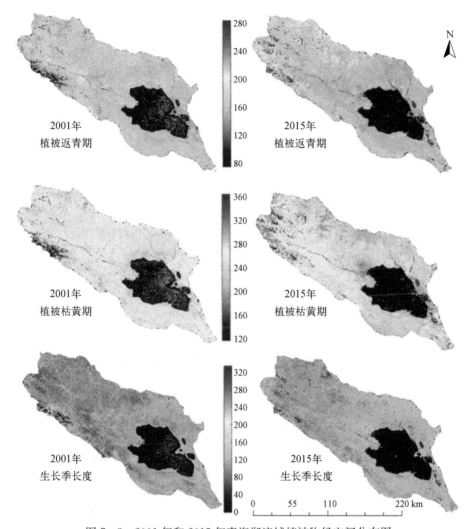

图 7-8　2001 年和 2015 年青海湖流域植被物候空间分布图

响,西北部高寒荒漠稀疏植被地区植被最早进入枯黄期。随着秋季来临,大气温度降低,降水量的减少,9 月份流域内植被进入枯黄期的面积开始增加。截止到 9 月中旬(260 天),植被进入枯黄期集中分布在流域周边和中部高海拔区域。9 月底(270 天),流域内一半以上的植被进入枯黄期,集中分布在海拔 3 600 m 以上的区域。10 月中旬(280～290 天),流域内基本全部的植被进入枯黄期。流域北部山区的植被进入枯黄期的时间同样表现出了垂直非地带变化特征,生长在高海拔区域植被进入枯黄期的时间较低海拔区域早。2015 年比 2001 年植被物候枯黄期平均延后 5 天以上。

植被的返青期和枯黄期共同决定生长季的长短。流域内植被平均生长季为

120 天,其中生长季主要分布在 100～150 天。研究期内青海湖流域植被平均生长季短于 90 天的区域集中分布在西北部高海拔区域。主要由于该区域植被受高海拔低温影响,植被返青较晚,且进入 8 月份后,多降雪天气,部分植物提前进入枯黄期导致其生长季较短。植被生长季超过 130 天的区域集中分布在布哈河下游、倒淌河子流域及紧邻青海湖四周海拔低于 3 600 m 的区域。尤其在青海湖周边和倒淌河子流域海拔低于 3 300 m 的区域,是流域内地表湿热条件最好的区域,植被生长季超过 150 天。2015 年比 2001 年植被物候期平均长 10 天左右。

2001～2015 年,耕地和林地的植被返青期平均提前 10 天以上,植被枯黄期平均延后 5 天,生长季长度平均增加 10 天(图 7 - 9)。耕地返青期、枯黄期和生长季长度的拟合方程分别为 $y=-2.0677x+197.94(R^2=0.4688)$,$y=0.3814x+282.55(R^2=0.07)$,$y=3.2255x+91.928(R^2=0.5057)$。林地的返青期、枯黄期

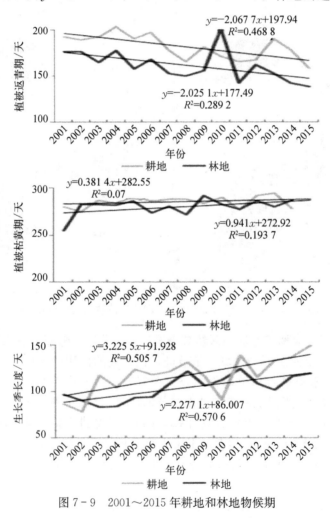

图 7 - 9　2001～2015 年耕地和林地物候期

和生长季长度的拟合方程分别为 $y=-2.025\ 1x+177.49(R^2=0.289\ 2)$，$y=0.941x+272.92(R^2=0.193\ 7)$，$y=2.277\ 1x+86.007(R^2=0.570\ 6)$。其中耕地和林地的枯黄期变化相对较小。

青海湖流域气温呈现微小的上升趋势（图 7-10）。青海湖流域气温 1°网格的空间分布，按照最大气温值，将气温分为 8 类。东南部的气温总体上高于西北部。选择空间位置点 4、点 7、点 10 和点 14 作为抽样点，统计 1961～2014 年气温的变化趋势。其中，纵坐标 y 是月平均温度，横坐标是年份。西部点 4，$y=0.008\ 1x-0.831\ 8(R^2=0.004\ 9)$；东部点 7，$y=0.008\ 1x-0.831\ 8(R^2=0.004\ 9)$；西北部点 10，$y=0.008\ 4x-4.740\ 7(R^2=0.005\ 2)$；高纬度西北部点 14，$y=0.008\ 1x-6.518\ 7(R^2=0.004\ 6)$。

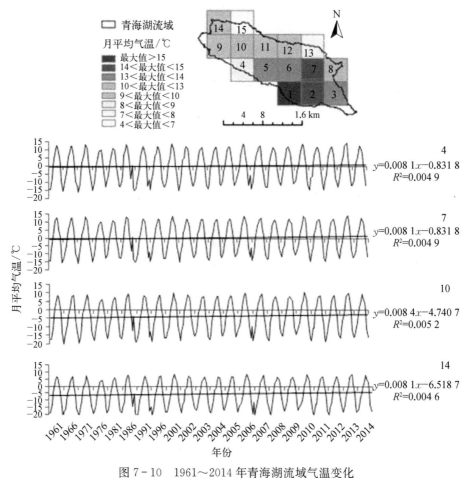

图 7-10　1961～2014 年青海湖流域气温变化

年平均气温与水域期呈现明显的正相关关系（图 7-11）。其中，年平均温度为横坐标,水域始期为纵坐标,$y=13.168x+273.6(R^2=0.263\,6)$。气候变化的水文效应非常复杂,它还受土地利用变化、人类活动耗水等多种因素的影响。气温升高一方面增加了入湖的补给,另一方面也会增加蒸发量。

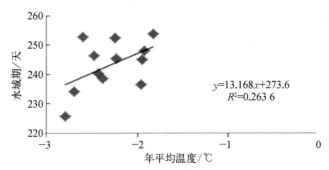

图 7-11　青海湖流域年平均气温与水域始期线性关系

　　青海湖流域降水最大值呈现增加趋势,并出现周期性循环(图 7-12)。按照降水量的最大值,将青海湖流域的降水分为 4 类,空间上划分为 1°的网格。其中,横坐标为年份,纵坐标为年平均降雨量。选择 4 个抽样点,南部点 1、西南部点 4、西部点 10、北部点 15。按照降雨量的高低,依次是点 15、点 10、点 4 和点 1。降水量受到海拔的影响明显,地势抬高形成的地形雨造成降水量逐渐增加。1961~2000年是点 15,年平均降雨量的最大值为 200 mm。2001~2014 年,年平均降雨量最大值为 250 mm,最小值出现在 2004 年,约 140 mm。

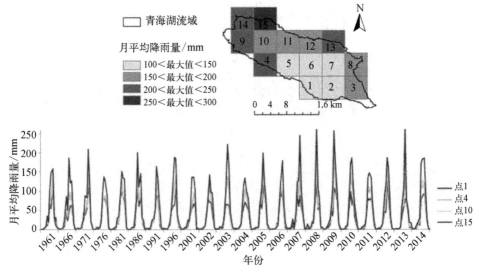

图 7-12　1961~2014 年青海湖流域降水量

7.5　研　究　结　论

青海湖流域水域面积从 1992～2001 年减少了 74.74 km², 2001～2015 年增加了 114.37 km², 1992～2015 年水域面积共计增加了 39.63 km²。

1992～2001 年, 水域转为裸地的类型最多, 为 54.62 km²; 永久积雪转为水域的最多, 为 16.75 km²。2001～2015 年, 水域转为永久积雪的类型最多, 为 23.69 km²; 裸地转为水域的最多, 为 72.12 km²。

2003～2015 年青海湖水域频率总体呈现上升趋势, 水域频率均值在 250～280 天。其中 2012 年水域频率出现同比分布最低。2003～2015 年, 青海湖冰期总体呈下降趋势, 2012 年为异常点。冰期为曲折变化呈总体下降的拟合态势 $y = -1.1027x + 135.47 (R^2 = 0.0842)$。

2015 年比 2001 年的植被返青期提前 10 天以上。2015 年比 2001 年植被物候枯黄期平均延后 5 天以上。2015 年比 2001 年植被物候期平均长 10 天左右。

1961～2014 年, 青海湖流域气温呈现微小的上升趋势。年平均气温与水域时期呈现明显的正相关关系。青海湖流域降水最大值呈现增加趋势, 并出现周期性循环。

7.6　小　　　结

青藏高原是全球变化中对气候变化最为敏感的地区之一, 表现为气温变化振幅大, 气候变化具有一定的超前性。青海湖位于青南高原高寒区、西北干旱区和东部季风区的交汇处, 是维系青藏高原东北部生态安全的重要水体, 也是控制西部荒漠化向东蔓延的天然屏障。其生态环境的优劣, 不仅影响着该区域生态系统的发育和分布, 而且深刻影响着江河源头、柴达木盆地、祁连山东部以及青海省东部湟水谷地的生态环境和可持续发展。同时, 青海湖区地处季风边缘地带, 也是气候变化响应的敏感区域。在全球变暖的背景下, 作为全球变暖敏感区的青藏高原青海湖流域也成为中外学者关注的热点地区。植被物候和水域频率作为生态指标, 间接指示气温和降水等气候条件的变化。

第8章　中国城市化对公共健康的影响

提高城市居民的生活质量,提高人民的公共健康水平,是城市发展的重要目标。快速的城市化对健康产生双重影响。城市化使城市人群能够分享现代医疗技术的最新成果,从而使城市人群的预期寿命更长,婴儿死亡率和孕产妇死亡率更低。同时,城市化的过程伴随着城市环境的污染和城市生活方式的改变,从而使城市人群在许多疾病上有更高的发病率。本书尝试定量分析城市化对公共健康的影响。

公共健康研究从各个方面记录了城市环境与人类健康的关系(McDade and Adair,2001)。目前的城市化率表明,2008 年中国有 8.7 亿人生活在城市。尽管城市化提高了人们的生活质量,但也带来了健康危害(Patel and Burke,2009)。由人口增加和聚集导致的城市化被视为对公共卫生安全的威胁(Leon,2008)。

中国的城市化始于 1949 年(Kirkby,1985),1978 年以来,中国经历了快速和前所未有的城市化进程(Zhang and Shun,2003)。美国的快速城市化从 1960 年的 19.8% 上升到 1920 年的 51.2%(McIlwraith and Muller,2001)。相比之下,中国城镇化率从 1980 年的 19.4% 上升到 2011 年的 51.3%(Lin and Ouyang,2014)。尽管城市化带来了许多好处,但快速的城市化利用了更多的自然资源(Hardoy et al.,2013;Hinrichsen et al.,2002)。城市化也改变了物质环境气候变化、栖息地变化、地球大气中的废物积累、水质和环境(Cao et al.,2016;Li et al.,2015;Wang et al.,2014b;Wei et al.,2015;Zhang et al.,2014)。

许多研究调查了城市化对健康的影响,空气污染可能与呼吸道和心血管疾病的风险增加有关(Mannucci et al.,2015);城市化影响水量和质量(Huang et al.,2015);重金属、城市垃圾和二氧化硫污染了人口稠密地区的土壤表面(Hu et al.,2013;Jie et al.,2002;Li and Gao,2002)。此外,污染水、农药超标应用和化学土壤威胁着中国的食品安全(Lu et al.,2015);热岛效应会导致热衰竭,特别是老年人和婴儿(Rosenstock et al.,2004);气候变化会对公共健康造成影响(Frumkin et al.,2008;Haines et al.,2006;Ziska et al.,2003);密集的建筑环境和道路可能威胁精神健康(Frumkin,2001)。中国癌症率增加和 200 个癌症村庄反映了城市化对人们健康可能造成的损害(Yang,2013)。一些研究也为城市化和公共卫生提供了框架(Frumkin,2002;Lee,2004;Szreter and Woolcock,2004；Vlahov and Galea,2002）。本书从定量的角度,分析城市化如何影响公共健康。

8.1　研究区介绍

中国位于欧亚大陆东部和太平洋西岸,从南到北,中国跨度 5 500 km,从黑龙江省漠河镇(53°N)到南沙群岛(4°N);东西跨度 5 000 km,从黑龙江和乌苏里江的交汇处(135°E)到新疆维吾尔自治区的帕米尔高原(73°E),领土面积 960 余万 km²。西部有世界上最高大的青藏高原,平均海拔 4 000 m 以上,素有"世界屋脊"之称;珠穆朗玛峰海拔 8 844.43 m,为世界第一高峰。在此以北以东的内蒙古地区、新疆地区、黄土高原、四川盆地和云贵高原,是中国地势的第二级阶梯;大兴安岭—太行山—巫山—武陵山—雪峰山一线以东至海岸线多为平原和丘陵,是第三级阶梯,地貌比例为山区 33%、高原 26%、盆地 19%、平原 12% 和丘陵 10%。中国湖泊众多,共有湖泊 24 800 多个,其中面积在 1 km² 以上的天然湖泊就有 2 800 多个。湖泊数量虽然很多,但在地区分布上很不均匀。总体来说,东部季风区,特别是长江中下游地区,分布着中国最大的淡水湖群;西部以青藏高原湖泊较为集中,多为内陆咸水湖。中国的气候区主要包括冷温带、温带、暖温带和亚热带(Qin et al.,2015)。广东的国内生产总值在 2016 年排在第一,达到 79 512 亿元。

夜间灯光数据 DMSP/OLS 以其独特的光电放大特性与对夜间灯光的获取能力,成为人类活动监测的良好数据源。其主要应用于城镇变化监测、社会经济估计、人口变化监测、贫穷信息获取、光污染以及火灾等方面(杨眉等,2011)。在夜间灯光的空间分布上,1992～2012 年,中国夜间灯光最亮的区域集中在京津冀城市群和长三角城市群。灯光亮度处于第二等级的分别为珠三角城市群、长江中游城市群、中原城市群和沈大城市群。哈长城市群的夜间灯光在 1992 年较亮,而在之后的 20 年中发展缓慢。成渝城市群的夜间灯光在近 20 年中持续发展。呼包鄂榆城市群在 2002 年之后的夜间灯光发展增速变快。过去 20 年中国各地区夜间灯光亮度的变化同时也反映了中国地区经济发展水平的变化:一方面,经济活动向东部沿海地区发展;另一方面,政策导向的驱动使中西部地区的经济活动也明显增加。

8.2　数　据　来　源

1992～2012 年夜间灯光数据下载于 NASA 地球观测信息系统(https://reverb.echo.nasa.gov)。中国 2011 年城市建成区面积来自《中国城市统计年鉴2012》(国家统计局城市社会经济调查司,2012)。2011 年 Landsat TM 数据下载于美国地质调查局网站(http://glovis.usgs.gov/)。出生率、死亡率、自然增长率和 60 岁以上人口的健康指数来自国家人口与健康科学数据共享平台(http://www.ncmi.cn/)。2009 年癌症数据引用于陈万青等已发表的文章(陈万青,2013)。2010 年 8 月中国地表温度数据获取于 NASA 地球观测网站(https://neo.sci.gsfc.nasa.gov/)。

8.3　研　究　方　法

8.3.1　夜间数据的校正

DMSP-OLS 数据未对影像数据进行星上标定和相互校正,导致不同年份不同传感器间的长时间序列数据不具有连续性和可比性。Elvidge 等根据经验步骤开发出了用于夜间灯光数据相互校正的方法(Elvidge et al.,2014;Elvidge et al.,2009)。F1219999 有最高的夜间灯光数值并被作为参考影像。假定参考区域的夜间灯光亮度随着时间有很小的变化,校正方法是基于偏移和自定义系数来进行的,公式为 $Y=C0+C1X+C2X_2$,式中,Y 是需要校正的影像;X 是参考影像;$C0$、$C1$ 和 $C2S$ 是通过 F1219999 和其他影像的回归方程计算的经验系数。相互校正的目的是为了探测和比较长时间序列中夜间灯光的亮度变化。

8.3.2　主成分分析

主成分分析是对于原来的反映某种现象的所有变量(设为 m 个,$m \geqslant 2$),构成 K 个新变量($K \leqslant m$),第一要求 K 个新变量互不相关,第二要求 K 个新变量在反映现象的信息尽可能保持原有信息的原则下,使 $K < m$,"信息"的大小使用离差平方和或方差来衡量(刘婷婷和张华,2011)。

设有 m 个变量,每个变量有 n 个观测量,每个数据表示为 x_{ij},其中,$i=1,2,\cdots,n$;$j=1,2,\cdots,n$。写成矩阵形式为

$$\boldsymbol{X}=(x_{ij})=\begin{bmatrix} x_{11} & \cdots & x_{1n} \\ \vdots & & \vdots \\ x_{m1} & \cdots & x_{mn} \end{bmatrix} \tag{8-1}$$

主成分分析是通过对 m 个变量 x_i($i=1,2,\cdots,m$)进行线性变换形成新的变量 Z,其中

$$\boldsymbol{Z}=(z_{ij})=\boldsymbol{V}^{\mathrm{T}}\boldsymbol{X} \tag{8-2}$$

$$\boldsymbol{V}=(v_1,v_2,\cdots,v_m)=\begin{bmatrix} v_{11} & \cdots & v_{1n} \\ \vdots & & \vdots \\ v_{m1} & \cdots & v_{mn} \end{bmatrix} \tag{8-3}$$

$$z_{ij} = v_{i1} x_{1j} + v_{i2} x_{2j} + \cdots + v_{im} x_{mj} = \sum_{k=1}^{m} v_{ik} x_{kj} \qquad (8-4)$$

设 $\boldsymbol{X} = (x_1, x_2, \cdots, x_m)^{\mathrm{T}}$ 是 m 维随机变量,它的第 k 个主成分为 $z_k = \boldsymbol{v}_k^{\mathrm{T}} \boldsymbol{X}$, $\boldsymbol{v}_k$ 是 m 维的归一化向量,并满足如下条件: z_1 是一切形如 $\boldsymbol{Z} = \boldsymbol{v}^{\mathrm{T}} \boldsymbol{X}$ 中方差最大者; z_2 是一切形如 $\boldsymbol{Z} = \boldsymbol{v}^{\mathrm{T}} \boldsymbol{X}$ 中与 z_1 不相关且方差最大者; z_k 是一切形如 $\boldsymbol{Z} = \boldsymbol{v}^{\mathrm{T}} \boldsymbol{X}$ 中与 $z_1, z_2, \cdots, z_{k-1}$ 不相关且方差最大者;主成分分析推导过程中寻求的是主成分的方差最大。

低维度的 PC2 和 PC3 构成时间特征空间,基于夜间灯光时序数据,提取代表每个像元对于时间贡献的 EOFs 曲线。前 3 个主成分 PC 的方差占总方差的 91%。夜间灯光的年际间相互校正降低了每年间数据的偏方差。年际间夜间灯光的巨大变化仍然是保留的。这里消除的偏方差是指由空间连续性不确定导致的误差。另外,夜间灯光"溢出"现象是由传感器分辨率有限且大气散射和年内空间位置不确定造成的。灯光"溢出"会导致像元的空间位置模糊。另外,年际间的位置不确定造成了时序模糊。时空滤波对于解混时空噪声有一定的作用。低维度的 PCs 投影反映了低维的 EOFs 的关系。PC2 和 PC3 强调了 2002 年前期和后期夜间灯光的不同变化。通过 PC2 和 PC3 的投影变化,可以消除偏方差,进而强调 1992~2012 年夜间灯光亮度增强和减弱的变化趋势。在时间维度上,投影滤波的结果平滑了时序曲线。在 PC2 和 PC3 构成的时间特征空间中,包括三个时序端元,分别为夜间灯光降低、前期增加和后期增加三种时序模式(图 8-1)。在夜间灯光前期增加和后期增加的端元中,提取 10 个曲线,发现夜间灯光的起始值始于 5。基于此,在本书中,将阈值为 5 定为中国夜间灯光数据的最小值。

8.3.3　夜间灯光城市阈值

基于夜间灯光数据,建设用地范围比周围的非建设用地有更强的灯光亮度。在之前的研究中,基于 DMSP-OLS 的阈值方法曾经被用于识别城市区域,基于政府的建成区统计数据作为参考数据来识别建设用地的最优阈值(He et al., 2006; Liu et al., 2012b; Small et al., 2005)。该阈值方法具有较高的精度(Shi et al., 2014a; Shu et al., 2011)。在本书中,也采用相似的阈值方法,计算用夜间灯光识别建设用地的最优阈值。如表 8-1 所示,在五个等级的城市中抽样 15 个不同城市,计算夜间灯光城市范围阈值。如一级城市北京、南京和杭州的夜间灯光建设用地阈值分别为 59、57 和 46;五级城市眉山、自贡和焦作的夜间灯光建设用地阈值分别为 33、23 和 28。最后,选择 40 作为一、二、三级城市的阈值,确定 20 作为五级及以上城市的阈值。为了对阈值方法进行进度验证,将夜间灯光阈值提取的空间范围和 Landsat 的空间范围进行对比(图 8-2),夜间灯光阈值提取的建设用地与 Landsat 建设用地呈现出了一致的空间格局。

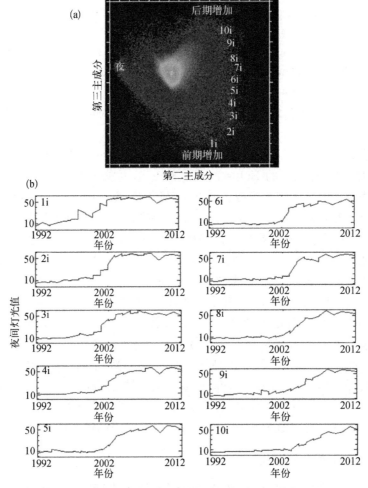

图 8-1　基于 PC2 和 PC3 的中国夜间灯光时间特征空间和
　　　　夜间灯光增长的特征曲线

表 8-1　15 个不同等级城市的夜间灯光的优化阈值

一级城市	北京	南京	杭州
阈值	59	57	46
二级城市	惠州	淄博	洛阳
阈值	52	55	55
三级城市	柳州	宜昌	绵阳
阈值	49	40	47
四级城市	九江	南阳	黄冈
阈值	33	34	6
五级城市	眉山	自贡	焦作
阈值	33	23	28

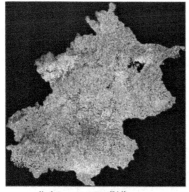

北京Landsat TM影像　　　　　基于夜间灯光阈值的北京建成区

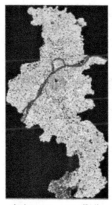

南京Landsat TM影像　　　　　基于夜间灯光阈值的南京建成区

图8-2　基于 Landsat 和夜间灯光提取的建设用地对比图

注：北京和南京夜间灯光的建设用地阈值分别为 59 和 57；Landsat 上的红线是夜间灯光的建设用地区域范围。

8.4 研究结果

1992～2002 年中国夜间灯光特征主要表现为在小型城市区域的增长，2002～2012 年中国夜间灯光特征表现为同时在大型城市、中型城市和小型城市区域的增长(图8-3)。在本书中，小型城市定义为夜间灯光大于 5 且小于 20 的空间范围，中型城市定义为夜间灯光大于 20 且小于 40 的空间区域，大型城市定义为夜间灯光大于 40 的空间范围。1992～2002 年，共计 6 个省份的小型城市夜间灯光像元数目大于 20 000；2002～2012 年，共计 12 个省份的小型城市夜间灯光像元数目大于 20 000。1992～2002 年，共计 2 个省份的中型城市夜间灯光像元数目大于 4 000；2002～2012 年，共计 7 个省份的中型城市夜间灯光像元数目大于 4 000。在1992～

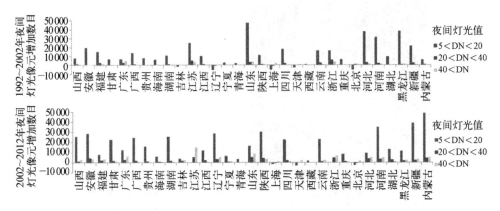

图 8-3　中国 31 个省份的大型城市(夜间灯光值大于 40)、中型城市(夜间灯光值大于 20 且小于 40)和小型城市(夜间灯光值大于 5 且小于 20)的夜间灯光像元数目两期(1992～2002 年和 2002～2012 年)数据对比

2002 年,共 4 个省份的大型城市夜间灯光像元数目大于 3 000;同比 2002～2012 年,共 12 个省份的大型城市夜间灯光像元数目大于 3 000。推动大、中、小城市协调发展是中国城市化的重要驱动力,即以大城市为依托,以中、小城市为重点,逐步形成辐射作用大的城市群,促进大、中、小城市和小城镇协调发展。政府财政要加大对中小城市的投入,通过中小城市和城镇基础设施的改善、城市建设的加快,努力实现小城镇的小城市化,中、小城市的大城市化,大城市的国际化,全面实现全国各地大、中、小城市的均衡发展。这样可以分散人口向特大城市的流动,我国的"城市病"才会得到有效的控制。

在中国 31 个省份*的统计结果中,人口出生率与自变量(夜间灯光值大于 5 的像元比例)呈现稳定的负相关关系。人口出生率的定义是一年内每 1 000 个人口中的新生人口的比例。本书包括中国 31 个省份,这些省份覆被不同的土地总面积和不同的夜间灯光面积,由此对夜间灯光数值的比例进行了标准化,方便于监测对比 31 个省份的夜间灯光数据的变化。1992 年,自变量(夜间灯光值大于 5 的像元比例)对因变量出生率有明显的影响:

$$y = -13.194x + 19.955 (R^2 = 0.656\ 6) \qquad (8-5)$$

在 2002 年和 2012 年,自变量(夜间灯光值大于 5 的像元比例)和因变量出生率的关系分别为

$$y = -7.890\ 9x + 13.936 (R^2 = 0.334\ 1) \qquad (8-6)$$

---

　* 未统计台湾、香港和澳门。

$$y = 3.414\ 3x + 12.738(R^2 = 0.147\ 4) \tag{8-7}$$

大城市有较低的出生率的原因主要包括:① 在大城市,不断攀高的房价、医疗、教育和养老成本已经形成了较大的经济负担。② 中国人尤其是女性,教育程度、职业和文化水平不断提高,造成人均结婚年龄的推迟和婚姻存续时间的缩短,进而减低了出生率。③ 职业女性导致出生率的降低。中国女性逐步走向职场,主要原因是增加的经济压力,使得经济独立改变了女性在社会中的地位,女性有获得职场成就的愿望(Kiseleva,1975)。中国的一胎政策是自 1982 年起作为基本国策并写入宪法的。本书涵盖的时间区间是 1992~2012 年,因此不把一胎政策作为出生率变化的考虑因素。

中国 31 个省份的人口死亡率和夜间灯光值大于 5 的像元比例无明显相关关系。人口死亡率的定义是一年内每 1 000 人口的死亡人数的比例。1992 年,自变量(夜间灯光值大于 5 的像元比例)和因变量人口死亡率的相关关系为

$$y = -1.047x + 6.995\ 4\ (R^2 = 0.118\ 4) \tag{8-8}$$

2012 年,自变量(夜间灯光值大于 5 的像元比例)对因变量人口死亡率近似无影响:

$$y = 0.205\ 7x + 5.897\ 7\ (R^2 = 0.005) \tag{8-9}$$

相比于小城市和农村,大城市提供了高质量的医疗条件和卫生保健机构。同时,城市的发展严重污染了自然环境。森林砍伐、空气和水污染、土壤侵蚀、温室效应等对人体健康的影响越来越明显。日益增多的国际旅行也加剧了流行病感染的概率和风险。

夜间灯光值大于 5 的像元比例与人口自然增长率呈稳定的负相关关系。人口自然增长率是一年内的出生率减去死亡率。人口自然增长率排除了迁入和迁出导致的人口变化。在 1992 年、2002 年和 2012 年,夜间灯光值大于 5 的像元比例和人口自然增长率的相关关系分别为

$$y = -12.147x + 12.96\ (R^2 = 0.649\ 4) \tag{8-10}$$

$$y = -7.916\ 2x + 7.872\ 7(R^2 = 0.346\ 6) \tag{8-11}$$

$$y = -3.550\ 9x + 6.594\ 3(R^2 = 0.115\ 3) \tag{8-12}$$

随着城市化的发展,人口自然增长率呈下降趋势,主要原因包括:职业竞争和不稳定的生活促使城市人口延迟了结婚和生育的年龄;随着科学水平的提高,人们更加重视将有限的收入用于提高自身及子孙的文化素质上;医疗和卫生健康的发展促使许多由疾病导致的死亡率下降,人口老龄化降低了人口自然增长率。

　　2011 年,中国 31 个省份的夜间灯光值大于 5 的像元比例和 60 岁以上人口的健康指数呈正相关关系。健康指数是 60 岁以上人口自我评定的统计结果。60 岁以上人口按照自己能否确保正常生活评价自己的健康指数。60 岁以上人口健康指数比较高的主要分布在沿海省份,60 岁以上人口健康指数最低的省份分布在西藏自治区。自变量(夜间灯光值大于 5 的像元比例)和因变量(60 岁以上人口健康指数)的相关关系为

$$y = 9.698x + 45.192 \ (R^2 = 0.127\ 3) \tag{8-13}$$

　　城市化促进健康指数提高的主要原因包括:① 社会资本是健康和整体福祉的重要决定因素(Yip et al., 2007)。② 中国医疗卫生空间不平等发展的基本事实。同时,中国也有不公平的保险制度。政府保险是由政府出资,向在政府工作的人提供的。劳动保险是为国家或集体企业的雇员提供的。合作医疗建立在城镇和乡村,该制度由参与者的付费构成(Zhao, 2006)。③ 教育可能与健康有关。教育与收入、职业选择、思维方式和决策模式有关(Cutler and Lleras-Muney, 2006)。④ 随着城市化进程,大城市开始转移产业结构。例如,在上海,主要行业是金融服务业,工业区逐渐转移到周边小城市,工业对环境的污染在逐渐降低。

　　2009 年,夜间灯光值大于 5 的像元比例、夜间灯光值大于 20 的像元比例和夜间灯光值大于 40 的像元比例分别与癌症率呈正相关,但是随着城市化的进程,正相关关系在逐渐减弱。中国的癌症率一共有 64 个抽样的空间样本点。2009 年,夜间灯光值大于 5、夜间灯光值大于 20 和夜间灯光值大于 40 的像元比例分别与癌症率的线性相关关系为

$$y = 229.01x + 0.35 \ (R^2 = 0.129\ 3) \tag{8-14}$$

$$y = 136.87x + 0.108\ 7 \ (R^2 = 0.030\ 8) \tag{8-15}$$

$$y = 69.869x + 0.107\ 9 \ (R^2 = 0.01) \tag{8-16}$$

　　中国的经济增长导致了环境污染,10 $\mu g/m^3$ 的空气污染微粒分别导致心肺和癌症死亡率的风险增加了 6% 和 8%(Pope III et al., 2002)。大城市的人们也遭受相当大的竞争和压力,压力是健康人群癌症发病的可能因素(Chida et al., 2008)。大城市居民的发病率低于小城市。可能的原因是,在小城市,癌症的护理水平低,医疗资源有限,被诊断为癌症的患者已经是晚期阶段(Chen et al., 2016)。医疗资源的分配不均衡,在大城市 30% 的人口却拥有 70% 的医疗资源。小城市吸烟率高也是导致癌症的主要因素(Li et al., 2011b)。

　　2010 年,在中国 31 个省份的统计中,夜间灯光值大于 5 的像元数目和地表温度呈正相关关系(图 8-4)。尤其是北京,其正相关关系最强,$R^2 = 0.683\ 4$,因变量地表温度和自变量夜间灯光数据大于 5 的像元数目的线性关系式为

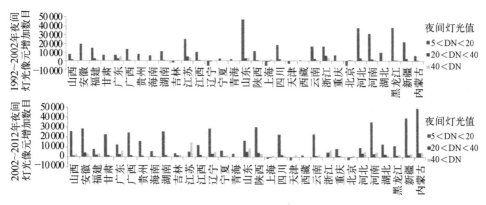

图 8-4　2010 年中国 31 个省份自变量夜间灯光值大于 5 的像元数目和
因变量地表温度的线性关系

注：缺台湾、香港和澳门的数据。

$$y = 6.871\,9x - 170.88\ (R^2 = 0.683\,4) \tag{8-17}$$

在西藏、内蒙古、甘肃、新疆、海南、青海和宁夏，夜间灯光的发展并没有对地表温度造成明显的影响。热岛效应的影响因素主要有两个：一是不透水面从太阳光吸收热量引起地表温度升高；二是城市区域移除了植被，而植被通过蒸腾作用能够降低空气温度。城市的热岛效应是一个重要的环境问题，热岛效应是人类健康的隐患（Blain，1995）。城市区域过高的温度会导致昏厥、水肿、热痉挛、中暑和热衰竭等病症。高温也会造成空气污染，从而影响健康，同时也会造成空调的需求增加（Frumkin，2002）。

8.5　讨　论

（1）社会政策。在中国的城市和农村地区，沿海和内陆城市，医疗资源的分布存在着严重的不平衡。中国的财政支出公平性在 191 个国家中位列第 188 位，在 2000 年世界卫生组织的报告中，中国的财政支出被认为是最不公平的（Organization，2000）。中国的公共健康政策的问题包括：公共健康总费用低于国内生产总值的比例；不同省份的国内生产总值决定了公共卫生的财务状况；卫生服务中的医疗卫生资源不合理分配，治疗比预防更加重视；小城镇和农村医生的新技术水平落后；医疗保险制度不公平，不能覆盖全部人口。

（2）物质环境。城市的物质环境包括建筑环境、空气、水、噪声和废物污染。婴儿出生体重低、出生缺陷和某些癌症与附近垃圾填埋场有关（Vrijheid，2000）。噪声污染可导致高血压和缺血性心脏病（Passchier-Vermeer and Passchier，2000）。运输和土地利用格局通过交通安全性、身体活动安全、空气流通质量和健康设施可达性等方式影响死亡率(Frank,2000)。住房条件差可导致呼吸道感染、哮喘、铅中毒和精神健康等问题(Krieger and Higgins,2002)。绿化可以改善城市居民的身体活动空间、心理舒适度和公共健康水平(Wolch et al.，2014)。

（3）全球化。中国应当建立并完善全球公共健康网络；制定公共健康国际交流标准的法律法规；与国际教授合作并进行技术交流；参与国际公共健康合作项目；与全球合作伙伴共享公共卫生信息(Lee,2004)。

（4）公共健康信息系统和数据共享。自从 1980 年以来，中国建立了国家疾病监测系统。公共卫生信息系统的发展太过缓慢，无法满足当前疾病控制的需求。公共卫生信息系统应覆盖完整的疾病上报系统；统一程序和格式；建立公共卫生空间数据库；分析公共服务设施的可达性；沟通协调；分析环境危害；数据开放和共享。健康不仅仅是不得疾病，更是身体、情感和社会的良好状态，而人们同时又受环境的影响，所以地理信息系统应该建立并服务于公共健康，特别是公共健康数据，应当公开并对公众开放使用(Cromley and McLafferty,2011)。许多疾病数据被政府机构控制，如癌症率等。这导致了数据收集的冗余工作，并阻碍了进一步的科学研究、疾病规律分析和风险分析(Chen et al.，2015)。

8.6　结　　论

城市化和公共卫生之间的关系对于了解城市化进程如何影响环境问题和人口公共卫生至关重要。为了定量城市化的程度，本书提出并探讨利用夜间灯光数据进行分析，以提高我们对中国不同水平城市化程度和范围的理解。

（1）主成分分析方法提供了有效低维度投影的方法，并且确定了基于夜间灯光数据的中国城市范围阈值为 5。根据政府建成区的统计数据的对比分析，本书分别选择 20 和 40 代表五级以上城市和三级以上城市。

（2）1992～2002 年，中国的城市化是以小城市的发展为代表；2002～2012 年，中国的城市化特征是以大、中、小型城市同时发展为主导。

（3）夜间灯光值大于 5 的比例与出生率、自然增长率和 60 以上人口的健康指数呈正相关关系。夜间灯光值大于 5 的比例与死亡率没有明显相关关系。夜间灯光值的比例与 2009 年的癌症率呈正相关的关系，但是城市化的发展在逐渐减弱两者之间的正相关。夜间灯光值大于 5 的像元数目与地表温度呈现明显的正相关关系。城市化从优质医疗资源、经济发展、保险制度、教育和产业建设等方面改善了公共卫生。与此同时，城市化也会因污染环境（如空气污染和热岛效应）而削弱公众健康。

（4）大、中、小城市应协调发展。依靠大城市，专注于中、小城市，城市群可以产生辐射发展的作用。中、小城市是吸收农业人口转移的主要载体。与大城市相比,小城市的优势在于生活成本、住房成本和社会成本低。市政基础设施、公共服务设施、教育医疗等公共资源应当向中、小城市倾斜。改善中、小城市的城市规划和公共服务设施,完善道路、交通、给排水和网络,持续不断地加强中、小城市的公共服务系统、教育、医疗保险和养老保险制度。

参 考 文 献

蔡国印.2006.基于 MODIS 数据的地表温度、热惯量反演研究及其在土壤水分、地气间热交换方面的应用.北京：中国科学院遥感与数字地球研究所.

蔡云龙,傅泽强,戴尔阜.2002.区域最小人均耕地面积与耕地资源调控.地理学报,57：127-134.

曹璐,胡瀚文,孟宪磊,等.2001.城市地表温度与关键景观要素的关系.生态学杂志,30(10)：2329-2334.

曹敏洁,付洁,王修信,等.2013.植被及水体的分布对珠海城市地表温度的影响.广西物理,34(2)：1-3.

陈爱莲,孙然好,陈利顶.2012.传统景观格局指数在城市热岛效应评价中的适用性.应用生态学报,23(8)：2077-2086.

陈利顶,傅伯杰.黄河三角洲地区人类活动对景观结构的影响分析——以山东省东营市为例.生态学报,16(4)：337-344.

陈睿山,蔡运龙.2010.土地变化科学中的尺度问题与解决途径.地理研究,29(7)：1244-1256.

陈万青,张思维,郑荣寿,等.2013.中国 2009 年恶性肿瘤发病和死亡分析.中国肿瘤,22(1)：2-12.

陈文波,肖笃宁,李秀珍.2003.景观指数分类、应用及构建研究.应用生态学报,13(1)：121-125.

陈勇,艾南山.1994.城市结构的分形研究.地理学与国土研究,10(4)：35-41.

陈云浩,李晓兵,史培军,等.2002.上海城市热环境的空间格局分析.地理科学,22(3)：317-323.

陈云浩,李京,李晓兵.2004.城市空间热环境遥感分析：格局、过程、模拟与影响.北京：科学出版社.

陈云浩,周纪,宫阿都,等.2014.城市空间热环境遥感——空间形态与热辐射方向性模拟.北京：科学出版社.

程承旗,吴宁,郭仕德,等.2004.城市热岛效应强度与植被覆盖关系研究的理论技术路线和北京案例分析.水土保持研究,11(3)：172-174.

崔松云,史如庄.2010.城市热岛效应对昆明市降雨量的影响分析.水电能源科学,28(10)：10-12.

丁路,王勇.2013.浅述城市热岛效应的形成原因及其对策.制冷与空调,27(6)：607-610.

杜培军,谭坤,夏俊士,等.2013.城市环境遥感方法与实践.北京：科学出版社.

方修琦,何英茹,章文波.1997.1978～1994 年分省农业旱灾灾情的经验正交函数 EOF 分析.自然灾害学报,6(1)：59-64.

高会军,李小强,张峰,等.2005.青海湖地区生态环境动态变化遥感监测.中国地质灾害与防治学报,16：1001-1103.

高志宏,张路,李新延,等.2010.城市土地利用变化的不透水面覆盖度监测方法.遥感学报,14(3)：593-606.

高志强,刘纪远.2008.中国植被净生产力的比较研究.科学通报,53：317-326.

国家统计局城市社会经济调查司.2012.2011 中国城市统计年鉴.北京：中国统计出版社.

宫阿都,陈云浩,李京,等.2007.北京市城市热岛与土地利用/覆盖变化的关系研究.中国图像图形学报,12(8)：1476-1482.

顾朝林.1999.中国大中城市流动人口迁移规律研究.地理学报,54(3)：204-212.

郭凤霞,求建立,吴松华,等.2012.丁坝间潮滩地貌变化的经验正交函数分析.海洋学研究,30(4)：37-45.

胡姝婧.2011.近15年北京城区植被覆盖遥感监测及其对热环境影响研究.北京：首都师范大学.

胡云.2013.上海城区不同类型水体与地表温度关系研究.人民长江,44(19)：88-102.

黄嘉佑,刘小宁,李庆祥.2004.中国南方沿海地区城市热岛效应与人口的关系研究.热带气象学报,20(6)：713-722.

江樟焰,陈云浩,李京.2006.基于Landsat TM数据的北京城市热岛研究.武汉大学学报,31(2)：120-123.

柯灵红,王正兴,宋春桥,等.2011.青藏高原东北部MODIS地表温度重建及其与气温对比分析.高原气象,30(2)：277-287.

李佳.2010.内蒙古地区地表光合有效辐射和植被净初级生产力估算.西安：西北农林科技大学.

李俊杰,何隆华,戴锦芳,等.2008.基于不透水地表比例的城市扩展研究.遥感技术与应用,23(4)：424-427.

李明诗,孙力,常瑞雪.2013.基于Landsat图像的南京市城市绿地时空动态分析.东北林业大学学报,41(6)：55-60.

李珊珊.2009.北京市热环境变化与空气质量分析研究.北京：首都师范大学.

梁顺林.2010.定量遥感.北京：科学出版社.

廖明生,江利明,林珲,等.2007.基于CART集成学习的城市不透水层百分比遥感估算.武汉大学学报(信息科学版),32(12)：1009-1102.

林冬凤,徐涵秋.2013.厦门城市不透水面及其热环境效应的遥感分析.亚热带资源与环境学报,8(3)：78-84.

林云杉,徐涵秋,周榕.2007.城市不透水面及其与城市热岛的关系研究——以泉州市区为例.遥感技术与应用,22(1)：14-19.

刘继生,陈彦光.2000.分形城市引力模型的一般形式和应用方法——关于城市体系空间作用的引力理论探讨.地理科学,20(6)：528-533.

刘继光,陈彦光.2002.人口的区位过程与城市的分形形态——关于城市生长的一个理论探讨.人文地理,17(4)：24-28.

刘婷婷,张华.2011.主成分分析与经验正交函数分解的比较.统计与决策,(16)：159-162.

刘万军.1991.城市"冷岛"效应.气象与环境学报,(3)：27-29,34.

刘艳红,郭晋平.2009.基于植被指数的太原市绿地景观格局及其热环境效应.地理科学进展,28(5)：798-804.

骆华松.2002.中国流动人口社会行为分析.云南社会科学,(2)：46-50.

马伟,赵珍梅,刘翔,等.2010.植被指数与地表温度定量关系遥感分析.国土资源遥感,(4)：108-112.

苗曼倩.1990.城市热岛效应对污染物扩散规律影响的数值模拟.大气科学,14(2)：207-214.

苗茜,黄玫,李仁强.2010.长江流域植被净初级生产力对未来气候变化的响应.自然资源学报,25：1296-1305.

彭文甫,张东辉,何政伟,等.2010.成都市地表温度对不透水面的响应研究.遥感应用,(2)：98－102.

秦耀辰,刘凯.2003.分形理论在地理学中的应用研究进展.地理科学进展,22(4)：426－436.

邱建壮,桑峰勇,高志宏.2011.城市不透水面覆盖度与地面温度遥感估算与分析.测绘科学,36(4)：211－213.

宋春桥,柯灵红,游松财,等.2011.基于 TIMESAT 的 3 种时间序列 NDVI 拟合方法比较研究——以藏北草地为例.遥感技术与应用,26：147－155.

孙继松,舒文军.2007.北京城市热岛效应对冬夏季降水的影响研究.大气科学,31(2)：311－320.

孙永远,李传书.2013.城市热岛效应对降雨量的影响.水利信息化,(3)：12－15.

覃文忠,王建梅,刘妙龙.2007.混合地理加权回归模型算法研究.武汉大学学报(信息科学版),32(2)：115－119.

覃志豪,Zhang M,Karnieli A.2001.用 NOAA－AVHRR 热通道数据演算地表温度的劈窗算法.国土资源遥感,48(2)：33－42.

唐菲,徐涵秋.2013.城市不透水面与地表温度定量关系的遥感分析.吉林大学学报(地球科学版),43(6)：1987－2917.

王繁,周斌.2007.浙江沿海地区近十年土地利用/覆盖变化遥感监测研究.科技通报,23：332－336.

王茜,陈雄,卓静,等.2017.基于分形理论的环杭州湾城市群等级研究.金华职业技术学院学报,17(1):32－36.

王裔艳.2004.中国城市地区吸引外来人口的社会经济因素定量分析.市场与人口分析,10(1)：15－22.

王跃云,徐昀,朱喜钢.2010.江苏省城镇建设用地扩展时空格局演化.现代城市研究,2：67－73.

魏义长,王纪军,张芳,等.2010.经验正交函数与地统计相结合分析降水时空变异.灌溉排水学报,29(4)：105－109.

邬建国.2000.景观生态学——格局、过程、尺度与等级.北京：高等教育出版社.

信飞,李震坤,王超.2013.经验正交函数分解在上海地区低频天气图方法中的应用.气象科技进展,3(1)：52－56.

徐涵秋.2009.城市不透水面与相关城市生态要素关系的定量分析.生态学报,29(5)：2456－2462.

徐梦洁,陈黎,刘焕金,等.2011.基于 DMSP/OLS 夜间灯光数据的长江三角洲地区城市化格局与过程研究.国土资源遥感,3：106－112.

徐永明,刘勇洪.2013.基于 TM 影像的北京市热环境及其与不透水面的关系研究.生态环境学报,22(4)：639－643.

杨可明,周玉洁,齐建伟,等.2014.城市不透水面及地表温度的遥感估算.国土资源遥感,26(2)：134－139.

杨眉,王世新,周艺,等.2011.DMSP/OLS 夜间灯光数据应用研究综述.遥感技术与应用,26：45－51.

杨再强.2008.南京市城市热岛效应的特征及形成原因的探讨.粮食安全与现代农业气象业务发展——2008 年全国农业气象学术年会论文集：547－550.

游泳,周毅,杨小怡,等.2003.利用经验正交函数方法(EOF)浅析中国夏季降水时空分布特征.四川气象,23(3)：22－23.

岳文泽.2005.基于遥感影像的城市景观格局及其热环境效应研究.上海：华东师范大学.

岳文泽,徐丽华.2013.城市典型水域景观的热环境效应.生态学报,33(6)：1852－1859.

张宏利,陈豫,张纳伟锐,等.2009.西安市热岛效应变化特征与城市人口发展研究.水土保持研究,16(4)：131－136.

张佳华,侯英雨,李贵才,等.2005.北京城市及周边热岛日变化及季节特征的卫星遥感研究与影响因子分析.中国科学(D辑地球科学),35(A01)：187－194.

张佳华,张国平,王培娟.2010.植被与生态遥感.北京：科学出版社.

赵书河,冯学智,都金康.2003.基于遥感与GIS的县级土地利用的时空变化分析.测绘通报,16－18.

赵振峰.2009.城市遥感.武汉：武汉出版社.

周纪,陈云浩,张锦水,等.2007.北京城市不透水层覆盖度遥感估算.国土资源遥感,(3)：13－17.

周纪,刘闻雨,占文风.2010.集成多源遥感数据估算逐时地表温度.北京：遥感定量反演算法研讨会.

周淑贞,束炯.1994.城市气候学.北京：气象出版社.

周淑贞,郑景春.1991.上海城市太阳辐射与热岛强度.地理学报,46：207－212.

周媛,石铁矛,胡远满,等.2011.基于城市土地利用类型的地表温度与植被指数的关系.生态学杂志,30(7)：1504－1512.

朱艾莉,吕成文.2010.城市不透水层遥感提取方法进展.安徽师范大学学报(自然科学版),35(5)：485－489.

邹春城,张友水,黄欢欢.2014.福州市城市不透水面景观指数与城市热环境关系分析.地球信息科学,16(3)：490－498.

Alberti M, Marzluff J M. 2004. Ecological resilience in urban ecosystems: Linking urban patterns to human and ecological functions. Urban Ecosystems, 7(3): 241-265.

Alory G, Delcroix T. 2002. Interannual sea level changes and associated mass transports in the tropical Pacific from TOPEX/Poseidon data and linear model results (1964-1999). Journal of Geophysical Research: Oceans, 107(107): 17-22.

André C, Ottlé C, Royer A, et al. 2015. Land surface temperature retrieval over circumpolar arctic using SSM/I- SSMIS and MODIS data. Remote Sensing of Environment, 162: 1-10.

Aniello C, Morgan K, Busbey A, et al. 1995. Mapping micro-urban heat islands using LANDSAT TM and a GIS. Computers & Geosciences, 21(8): 965-969.

Asrar G, Kanemasu E T, Yoshida M. 1985. Estimates of leaf area index from spectral reflectance of wheat under different cultural practices and solar angle. Remote Sensing of Environment, 17(1): 1-11.

Bauer M E, Doyle J K, Heinert N J. 2002. Impervious surface mapping using satellite remote sensing[C]// Geoscience and Remote Sensing Symposium. IGARSS'02. 2002 IEEE International. IEEE: 2334-2336.

Bian D, Yang Z, Li L, et al. 2006. The response of lake area change to climate variations in north Tibetan Plateau during last 30 years. Acta Geographica Sinica, 61(5): 510-518.

Blain P. 1995. Textbook of clinical occupational and environmental medicine. Occupational and Environmental Medicine, 70(5): 510.

Bowman A W. 1984. An alternative method of cross-validation for the smoothing of density estimates. Biometrika, 71(2): 353 – 360.

Brunsdon C, Fotheringham A S, Charlton M E. 1996. Geographically weighted regression: A method for exploring spatial nonstationarity. Geographical Analysis, 28(4): 281 – 298.

Brunsdon C, Fotheringham A S, Charlton M. 2002. Geographically weighted summary statistics — A framework for localised exploratory data analysis. Computers, Environment and Urban Systems, 26(6): 501 – 524.

Bryant R G. 1999. Application of AVHRR to monitoring a climatically sensitive playa. Case study: Chott el Djerid, southern Tunisia. Earth Surface Processes and Landforms, 24(4): 283 – 302.

Cahalan R F, Wharton L E, Wu M L. 1996. Empirical orthogonal functions of monthly precipitation and temperature over the United States and homogeneous stochastic models. Journal of Geophysical Research: Atmospheres,101(D21): 26309 – 26318.

Cao X, Onishi A, Chen J, et al. 2010. Quantifying the cool island intensity of urban parks using ASTER and IKONOS data. Landscape and Urban Planning, 96(4): 224 – 231.

Cao C, Lee X, Liu S, et al. 2016. Urban heat islands in China enhanced by haze pollution. Nature Communications, 7: 12509.

Carlson T N, Arthur S T. 2000. The impact of land use — Land cover changes due to urbanization on surface microclimate and hydrology: A satellite perspective. Global and Planetary Change, 25(1 – 2): 49 – 65.

Carnahan W H, Larson R C. 1990. An analysis of an urban heat sink. Remote Sensing of Environment, 33(1): 65 – 71.

Chakraborty S D, Kant Y, Mitra D. 2015. Assessment of land surface temperature and heat fluxes over Delhi using remote sensing data. Journal of Environmental Management, 148: 143.

Chandrasekar K, Sesha Sai M, Roy P, et al. 2010. Land surface water index (LSWI) response to rainfall and NDVI using the MODIS vegetation index product. International Journal of Remote Sensing, 31(15): 3987 – 4005.

Chambers D P, Mehlhaff C A, Urban T J, et al. 2002. Low-frequency variations in global mean sea level: 1950 – 2000. Journal of Geophysical Research: Oceans, 107(C4): 1 – 10.

Changnon S A, Kunkel K E, Reinke B C. 1996. Impacts and responses to the 1995 heat wave: A call to action. Bulletin of the American Meteorological Society, 77(7): 1497 – 1506.

Che T, Li X, Jin R. 2009. Monitoring the frozen duration of Qinghai Lake using satellite passive microwave remote sensing low frequency data. Chinese Science Bulletin, 54(13): 2294 –2299.

Chen A, Yao L, Sun R, et al. 2014. How many metrics are required to identify the effects of the landscape pattern on land surface temperature? Ecological Indicators, 45(5): 424 – 433.

Chen K, Li S, Zhou Q, et al. 2008. Analyzing dynamics of ecosystem service values based on variations of landscape patterns in Qinghai Lake Area in recent 25 years. Resources Science, 30(2): 274 – 280.

Chen R, de Sherbinin A, Ye C. 2015. Time for a data revolution in China. Science, 348 (6238): 981.

Chen W, Zheng R, Baade P D, et al. 2016. Cancer statistics in China, 2015. CA: A Cancer Journal for Clinicians, 66: 115 - 132.

Chida Y, Hamer M, Wardle J, et al. 2008. Do stress-related psychosocial factors contribute to cancer incidence and survival? Nature Clinical Practice Oncology, 5(8): 466 - 475.

Clarke K C, Hoppen S, Gaydos L. 1997. A self-modified cellular automaton model of historical urbanization in the San Francisco Bay Area. Environment and Planning B, 24(2): 247 - 261.

Clement F, Orange D, Williams M, et al. 2009. Drivers of afforestation in Northern Vietnam: Assessing local variations using geographically weighted regression. Applied Geography, 29 (4): 561 - 576.

Cleveland W S. 1979. Robust locally weighted regression and smoothing scatterplots. Journal of the American Statistical Association, 74(368): 829 - 836.

Connors J P, Galletti C S, Chow W T. 2013. Landscape configuration and urban heat island effects: Assessing the relationship between landscape characteristics and land surface temperature in Phoenix, Arizona. Landscape Ecology, 28(2): 271 - 283.

Cromley E K, McLafferty S L. 2011. GIS and Public Health. New York: Guilford Press.

Cutler D M, Lleras-Muney A. 2006. Education and health: Evaluating theories and evidence. National Bureau of Economic Research, Inc: 129 - 138.

De Beurs K M, Henebry G M. 2006. Phenological mixture models: Using MODIS to identify key phenological endmembers and their spatial distribution in the Northern Eurasian semi-arid grain belt. American Geophysical Union.

Deguchi C, Sugio S. 1994. Estimations for percentage of impervious area by the use of satellite remote sensing imagery. Water Science & Technology, 29(1 - 2): 135 - 144.

Ding M, Zhang Y, Sun X, et al. 2013. Spatiotemporal variation in alpine grassland phenology in the Qinghai-Tibetan Plateau from 1999 to 2009. Chinese Science Bulletin, 58(3): 396 - 405.

Dommenget D. 2007. Evaluating EOF modes against a stochastic null hypothesis. Climate Dynamics, 28(5): 517 - 531.

Eklundh L, Jönsson P. 2010. Timesat 3.0. Software manual. Lund: Lund University.

Elmore A J, Mustard J F, Manning S J, et al. 2000. Quantifying vegetation change in semiarid environments: Precision and accuracy of spectral mixture analysis and the normalized difference vegetation index. Remote Sensing of Environment, 73(1): 87 - 102.

Elvidge C D, Ziskin D, Baugh K E, et al. 2009. A fifteen year record of global natural gas flaring derived from satellite data. Energies, 2(3): 595 - 622.

Elvidge C D, Hsu F C, Baugh K E, et al. 2015. National trends in satellite-observed lighting. Photogrammetric Engineering & Remote Sensing, 81(9): 692,694 - 692,694.

Fei X, Feng L, Yun D, et al. 2013. Evaluation of spatial-temporal dynamics in surface water temperature of Qinghai Lake from 2001 to 2010 by using MODIS data. Journal of Arid Land, 5(4): 452 - 464.

Feng Z, Li X. 2006. Remote sensing monitoring study for water area change and lakeshore evolution of Qinghai Lake in last 20 years. Journal of Palaeogeography, 8(1): 131 – 141.

Fotheringham A S, Charlton M E, Brunsdon C. 2001. Spatial variations in school performance: A local analysis using geographically weighted regression. Geographical and Environmental Modelling, 5(1): 43 – 66.

Fotheringham A S, Brunsdon C, Charlton M. 2003. Geographically weighted regression: The analysis of spatially varying relationships. New York: John Wiley & Sons.

Fotheringham A S, Charlton M, Brunsdon C. The geography of parameter space: An investigation of spatial non-stationarity. International Journal of Geographical Information Systems, 10(5): 605 – 627.

Frank L D. 2000. Land use and transportation interaction implications on public health and quality of life. Journal of Planning Education and Research, 20(20): 6 – 22.

Frumkin H. 2001. Beyond toxicity: The greening of environmental health. American Journal of Preventive Medicine, 20(3): 234 – 240.

Frumkin H. 2002. Urban sprawl and public health. Public health reports, 117(3): 201.

Frumkin H, Hess J, Luber G, et al. 2008. Climate change: The public health response. American Journal of Public Health, 98(3): 435 – 445.

Gago E J, Roldan J, Pacheco-Torres R, et al. 2013. The city and urban heat islands: A review of strategies to mitigate adverse effects. Renewable and Sustainable Energy Reviews, 25(5): 749 – 758.

Gao B C. 1995. Normalized difference water index for remote sensing of vegetation liquid water from space . SPIE's 1995 Symposium on OE/Aerospace Sensing and Dual Use Photonics, Orlando.

Gallo K P, McNab A L, Karl T R, et al. 1993. The use of NOAA AVHRR data for assessment of the urban heat island effect. Journal of Applied Meteorology, 32(5): 899 – 908.

Gallo K P, Tarpley J D, McNab A L, et al. 1995. Assessment of urban heat islands: A satellite perspective. Atmospheric Research, 37(1 – 3): 37 – 43.

Gallo K P, Owen T W. 1999. Satellite-based adjustments for the urban heat island temperature bias. Journal of Applied Meteorology, 38(6): 806 – 813.

Gerber E P, Vallis G K. 2005. A stochastic model for the spatial structure of annular patterns of variability and the north Atlantic Oscillation. Journal of Climate, 18(12): 2102 – 2118.

Giridharan R, Ganesan S, Lau S S Y. 2004. Daytime urban heat island effect in high-rise and high-density residential developments in Hong Kong. Energy and Buildings, 36 (6): 525 – 534.

Goward S N, Xue Y, Czajkowski K P. 2002. Evaluating land surface moisture conditions from the remotely sensed temperature/vegetation index measurements: An exploration with the simplified simple biosphere model. Remote Sensing of Environment, 79(2 – 3): 225 – 242.

Hage K. 2003. On destructive canadian prairie windstorms and severe winters. Natural Hazards, 29(2): 207 – 228.

Haines A, Kovats R S, Campbell-Lendrum D, et al. 2006. Climate change and human health: Impacts, vulnerability and public health. Public health, 367(7): 585 – 596.

Hardoy J E, Mitlin D, Satterthwaite D. 2013. Environmental problems in an urbanizing world: Finding solutions in cities in Africa, Asia and Latin America. London: Routledge.

He C, Shi P, Li J, et al. 2006. Restoring urbanization process in China in the 1990s by using non-radiance-calibrated DMSP/OLS nighttime light imagery and statistical data. Chinese Science Bulletin, 51(13): 1614 – 1620.

Hinrichsen D, Blackburn R, Robey B, et al. 2002. Population growth and urbanization: Cities at the forefront. Baltimore, MD: Johns Hopkins University.

House-Peters L A, Chang H. 2011. Modeling the impact of land use and climate change on neighborhood-scale evaporation and nighttime cooling: A surface energy balance approach. Landscape and Urban Planning, 103(2): 139 – 155.

Hu X, Weng Q. 2009. Estimating impervious surfaces from medium spatial resolution imagery using the self-organizing map and multi-layer perceptron neural networks. Remote Sensing of Environment, 113(10): 2089 – 2102.

Hu Y, Liu X, Bai J, et al. 2013. Assessing heavy metal pollution in the surface soils of a region that had undergone three decades of intense industrialization and urbanization. Environmental Science and Pollution Research, 20(9): 6150 – 6159.

Hu X, Li Z C, Li X Y, et al. 2016. Quantification of soil macropores under alpine vegetation using computed tomography in the Qinghai Lake Watershed, NE Qinghai—Tibet Plateau. Geoderma, 264: 244 – 251.

Huang J, Huang Y, Pontius R G, et al. 2015. Geographically weighted regression to measure spatial variations in correlations between water pollution versus land use in a coastal watershed. Ocean & Coastal Management, 103(103): 14 – 24.

Huete A R. 1986. Separation of soil-plant spectral mixtures by factor analysis. Remote Sensing of Environment, 19(3): 237 – 251.

Huete A R, Jackson R D, Post D F. 1985. Spectral response of a plant canopy with different soil backgrounds. Remote Sensing of Environment, 17(1): 37 – 53.

Hui Q L, Huete A. 1995. A feedback based modification of the NDVI to minimize canopy background and atmospheric noise. Geoscience and Remote Sensing, IEEE Transactions on, 33(2): 457 – 465.

Hurvich C M, Simonoff J S, Tsai C L. 1998. Smoothing parameter selection in nonparametric regression using an improved Akaike information criterion. Journal of the Royal Statistical Society: Series B (Statistical Methodology), 60(2): 271 – 293.

Ivajnšič D, Kaligarič M, Žiberna I. 2014. Geographically weighted regression of the urban heat island of a small city. Applied Geography, 53: 341 – 353.

Jie C, Jing-Zhang C, Man-Zhi T, et al. 2002. Soil degradation: A global problem endangering sustainable development. Journal of Geographical Sciences, 12(2): 243 – 252.

Jonsson P, Bennet C, Eliasson I, et al. 2004. Suspended particulate matter and its relations to the urban climate in Dar es Salaam, Tanzania. Atmospheric Environment, 38 (25): 4175 – 4181.

Jönsson P, Eklundh L. 2004. TIMESAT—A program for analyzing time-series of satellite sensor data. Computers & Geosciences, 30: 833 – 845.

Jordan C F. 1969. Derivation of leaf-area index from quality of light on the forest floor. Ecology, 50(4): 663 – 666.

Jusuf S K, Wong N H, Hagen E, et al. 2007. The influence of land use on the urban heat island in Singapore. Habitat International, 31(2): 232 – 242.

Kahle A B, Madura D P, Soha J M. 1980. Middle infrared multispectral aircraft scanner data: Analysis for geological applications. Applied Optics, 19(14): 2279 – 2290.

Kang X, Hao Y, Cui X, et al. 2016. Variability and changes in climate, phenology, and gross primary production of an Alpine wetland ecosystem. Remote Sensing, 8(5): 391.

Kaufman Y J, Tanre D. 1992. Atmospherically resistant vegetation index (ARVI) for EOS - MODIS. Geoscience and Remote Sensing, IEEE Transactions on, 30(2): 261 – 270.

Kaufman Y, Tanré D, Gordon H, et al. 1997. Passive remote sensing of tropospheric aerosol and atmospheric correction for the aerosol effect. Journal of Geophysical Research: Atmospheres, 102(D14): 815 – 816.

Kirkby R J. 1986. Urbanization in China: Town and country in a developing economy 1949 - 2000 AD.

Krieger J, Higgins D L. 2002. Housing and health: Time again for public health action. American journal of public health, 92(5): 758 – 768.

Kumar P, Gupta D K, Mishra V N, et al. 2015. Comparison of support vector machine, artificial neural network, and spectral angle mapper algorithms for crop classification using LISS IV data. International Journal of Remote Sensing, 36(6): 1604 – 1617.

Lee L. 2004. The current state of public health in China. Annual Review of Public Health, 25 (1): 327 – 339.

Lee T W, Lee J Y, Wang Z H. 2012. Scaling of the urban heat island intensity using time-dependent energy balance. Urban Climate, 2: 16 – 24.

Leon D A. 2008. Cities, urbanization and health. International Journal of Epidemiology, 38 (6): 1737.

Li J, Sheng Y W, Luo J, et al. 2011a. Remotely sensed mapping of inland lake area changes in the Tibetan Plateau. Journal of Lake Sciences, 23(3): 311 – 320.

Li Q, Hsia J, Yang G. 2011b. Prevalence of smoking in China in 2010. New England Journal of Medicine, 364(25): 2469 – 2470.

Li W, Gao J. 2002. Acid deposition and integrated zoning control in China. Environmental Management, 30(2): 169 – 182.

Li X Y, Xu H Y, Ma Y J, et al. 2008. Land use/cover change in the Qinghai Lake Watershed. Journal of Natural Resources, 23(2): 285 – 296.

Li X, Ma Y, Xu H, et al. 2009. Impact of land use and land cover change on environmental degradation in lake Qinghai watershed, northeast Qinghai-Tibet Plateau. Land Degradation and Development, 20(1): 69 – 83.

Li X, Xiao J, Li F, et al. 2012. Remote sensing monitoring of the Qinghai Lake based on EOS/ MODIS data in recent 10 years. Journal of Natural Resources, 27(11): 1962 – 1970.

Li Y, Li Y, Qureshi S, et al. 2015. On the relationship between landscape ecological patterns and water quality across gradient zones of rapid urbanization in coastal China. Ecological Modelling, 318: 100 – 108.

Li Y Y, Zhang H, Kainz W. 2012. Monitoring patterns of urban heat islands of the fast-growing Shanghai metropolis, China: Using time-series of Landsat TM/ETM+ data. International Journal of Applied Earth Observation and Geoinformation, 19(10): 127 – 138.

Liu B, Wei X, Du Y, et al. 2013. Dynamics of Qinghai Lake area based on environmental mitigation satellite data. Pratacultural Science, 30(2): 178 – 184.

Lin B, Ouyang X. 2014. Energy demand in China: Comparison of characteristics between the US and China in rapid urbanization stage. Energy conversion and management, 79: 128 – 139.

Liu R, Liu Y. 2008. Area changes of Lake Qinghai in the latest 20 years based on remote sensing study. Journal of Lake Sciences, 20(1): 135 – 138.

Liu Y, Song P, Peng J, et al. 2012. A physical explanation of the variation in threshold for delineating terrestrial water surfaces from multi-temporal images: Effects of radiometric correction. International journal of remote sensing, 33(18): 5862 – 5875.

Liu Z, He C, Zhang Q, et al. 2012. Extracting the dynamics of urban expansion in China using DMSP – OLS nighttime light data from 1992 to 2008. Landscape and Urban Planning, 106 (1): 62 – 72.

Lo C P, Quattrochi D A. 2003. Land-use and land-cover change, urban heat island phenomenon, and health implications: A remote sensing approach. Photogrammetric Engineering & Remote Sensing, 69(9): 1053 – 1063.

Lobell D B, Asner G P. 2004. Cropland distributions from temporal unmixing of MODIS data. Remote Sensing of Environment, 93(3): 412 – 422.

Lorenz E N. 1956. Statistical forecasting program: Empirical orthogonal functions and statistical weather predictio. SciRep, 409(2): 997 – 999.

Lu D, Weng Q. 2004. Spectral mixture analysis of the urban landscape in Indianapolis with Landsat ETM + imagery. Photogrammetric Engineering & Remote Sensing, 70 (9): 1053 – 1062.

Lu D, Weng Q. 2006. Spectral mixture analysis of ASTER images for examining the relationship between urban thermal features and biophysical descriptors in Indianapolis, Indiana, USA. Remote Sensing of Environment, 104(2): 157 – 167.

Lu Y, Song S, Wang R, et al. 2015. Impacts of soil and water pollution on food safety and health risks in China. Environment international, 77(1): 5 – 15.

Mack B, Leinenkugel P, Kuenzer C, et al. 2017. A semi-automated approach for the generation of a new land use and land cover product for Germany based on Landsat time-series and Lucas in-situ data. Remote Sensing Letters, 8(3): 244 – 253.

Mandelbrot B B. 1967. How long is the coast of Britain. Science, 156(3775): 636 – 638.

Mandelbrot B B. 1977. Fractals: Form, chance, and dimension. San Francisco: WH Freeman.

Mandelbrot B B. 1983. The fractal geometry of nature. New York: WH Freeman and Co.

Mannucci P M, Harari S, Martinelli I, et al. 2015. Effects on health of air pollution: A narrative review. Internal and emergency medicine, 10(6): 657 – 662.

Mao K, Shi J, Tang H, et al. 2008. A neural network technique for separating land surface emissivity and temperature from ASTER imagery. Geoscience and Remote Sensing, IEEE Transactions on, 46(1): 200 – 208.

McDade T W, Adair L S. 2001. Defining the "urban" in urbanization and health: A factor analysis approach. Social Science & Medicine, 53(1): 55 – 70.

McFeeters S K. 1996. The use of the normalized difference water index (NDWI) in the delineation of open water features. International Journal of Remote Sensing, 17 (7): 1425 – 1432.

McIlwraith T F, Muller E K. 2001. North America: The historical geography of a changing continent. Washington: Rowman & Littlefield.

Memon R A, Leung D Y, Chunho L. 2008. A review on the generation, determination and mitigation of Urban Heat Island. Journal of Environmental Sciences, 20(1): 120 – 128.

Michael P T. 1997. Economic Development in the Third World. London: Merlin Press.

World Health Organization. 2000. World Health Report 2000. Health systems: Improving performance. Bulletin of the World Health Organization, 78(8): 1064.

Otukei J R, Blaschke T. 2010. Land cover change assessment using decision trees, support vector machines and maximum likelihood classification algorithms. International Journal of Applied Earth Observation and Geoinformation, 12(1): 27 – 31.

Owen T W, Carlson T N, Gillies R R. 1998. An assessment of satellite remotely-sensed land cover parameters in quantitatively describing the climatic effect of urbanization. International Journal of Remote Sensing, 19(9): 1663 – 1681.

Pandey B, Joshi P K, Seto K C. 2013. Monitoring urbanization dynamics in India using DMSP/ OLS night time lights and SPOT – VGT data. International Journal of Applied Earth Observation and Geoinformation, 23(1): 49 – 61.

Passchier-Vermeer W, Passchier W F. 2000. Noise exposure and public health. Environmental health perspectives, 108(1): 123 – 131.

Patel R B, Burke T F. 2009. Urbanization—An emerging humanitarian disaster. New England Journal of Medicine, 361(8): 741 – 743.

Piwowar J M, Peddle D R, LeDrew E F. 1998. Temporal mixture analysis of arctic sea ice imagery: A new approach for monitoring environmental change. Remote Sensing of Environment, 63(3): 195 – 207.

Piwowar J M, Peddle D R, Sauchyn D J. 2006. Identifying ecological variability in vegetation dynamics through temporal mixture analysis. Geoscience and Remote Sensing (IGARSS), IEEE International Symposium: 3766 – 3770.

Pope Ⅲ C A, Burnett R T, Thun M J, et al. 2002. Lung cancer, cardiopulmonary mortality, and long-term exposure to fine particulate air pollution. Jama, 287(9): 1132 – 1141.

Powe N A, Willis K G. 2004. Mortality and morbidity benefits of air pollution absorption by Woodland. Social & Environmental Benefits of Forestry Phase, 70: 119 – 128.

Price J C. 1979. Assessment of the urban heat island effect through the use of satellite data.

Monthly Weather Review, 107(11): 1554-1557.

Qin D, Ding Y, Mu M. 2015. Climate and environmental change in China: 1951-2012. Berlin: Springer.

Qin Z, Dall'Olmo G, Karnieli A, et al. 2001. Derivation of split window algorithm and its sensitivity analysis for retrieving land surface temperature from NOAA-advanced very high resolution radiometer data. Journal of Geophysical Research: Atmospheres, 106(D19): 22655-22670.

Qin Z, Karnieli A, Berliner P. 2001. A mono-window algorithm for retrieving land surface temperature from Landsat TM data and its application to the Israel-Egypt border region. International Journal of Remote Sensing, 22(18): 3719-3746.

Quarmby N A, Townshend J R G, Settle J J, et al. Linear mixture modelling applied to AVHRR data for crop area estimation. International Journal of Remote Sensing, 13(3): 415-425.

Quattrochi D A, Ridd M K. 1998. Analysis of vegetation within a semi-arid urban environment using high spatial resolution airborne thermal infrared remote sensing data. Atmospheric Environment, 32(1): 19-33.

Quattrochi D A, Luvall J C, Rickman D L, et al. 2000. A decision support information system for urban landscape management using thermal infrared data: Decision support systems. Photogrammetric Engineering and Remote Sensing, 66(10): 1195-1207.

Rao P K. 1972. Remote sensing of urban heat islands from an environmental satellite. Bulletin of the American Meteorological Society, 53(7): 647-648.

Rashed T, Weeks J R, Roberts D, et al. 2003. Measuring the physical composition of urban morphology using multiple endmember spectral mixture models. Photogrammetric Engineering & Remote Sensing, 69(9): 1011-1020.

Richter R, Schläpfer D. 2005. Atmospheric/topographic correction for satellite imagery. DLR Report DLR-IB: 565-501.

Roerink G J, Su Z, Menenti M. 2000. S-SEBI: A simple remote sensing algorithm to estimate the surface energy balance. Physics and Chemistry of the Earth, Part B: Hydrology, Oceans and Atmosphere, 25(2): 147-157.

Rosenfeld A H, Akbari H, Romm J J, et al. 1998. Cool communities: Strategies for heat island mitigation and smog reduction. Energy and Buildings, 28(1): 51-62.

Rosenstock L, Cullen M, Brodkin C, et al. 2004. Textbook of clinical occupational and environmental medicine philadelphia. Elsevier, 37(45): 510.

Roth M, Oke T R, Emery W J. 1989. Satellite-derived urban heat islands from three coastal cities and the utilization of such data in urban climatology. International Journal of Remote Sensing, 10(11): 1699-1720.

Rouse J W J, Haas R H, Schell J A, et al. 1974. Monitoring vegetation systems in the Great Plains with Erts. Nasa Special Publication, 351: 309.

Saaroni H, Ben-Dor E, Bitan A, et al. 2000. Spatial distribution and microscale characteristics of the urban heat island in Tel-Aviv, Israel. Landscape and Urban Planning, 48(1-2): 1-18.

Sarrat C, Lemonsu A, Masson V, et al. 2006. Impact of urban heat island on regional atmospheric pollution. Atmospheric Environment, 40(10): 1743 - 1758.

Savitzky A, Golay M J. 1964. Smoothing and differentiation of data by simplified least squares procedures. Analytical chemistry, 36(8): 1627 - 1639.

Settle J J, Drake N A. 1993. Linear mixing and the estimation of ground cover proportions. International Journal of Remote Sensing, 14(6): 1159 - 1177.

Shamir E, Georgakakos K P. 2014. MODIS land surface temperature as an index of surface air temperature for operational snowpack estimation. Remote Sensing of Environment, 152: 83 - 98.

Shao Z, Meng X, Zhu D, et al. 2008. Characteristics of the change of major lakes on the Qinghai-Tibet Plateau in the last 25 years. Frontiers of Earth Science in China, 2(3): 364 - 377.

Shen F, Kuang D. 2002. Remote sensing investigation and survey of Qinghai Lake in the past 25 years. Journal of Lake Sciences, 15(4): 289 - 296.

Sheng Y, Song C, Wang J, et al. 2016. Representative lake water extent mapping at continental scales using multi-temporal Landsat - 8 imagery. Remote Sensing of Environment, 185: 129 - 141.

Shi K, Huang C, Yu B, et al. 2014. Evaluation of NPP - VIIRS night-time light composite data for extracting built-up urban areas. Remote Sensing Letters, 5(4): 358 - 366.

Shi W, Wang M, Guo W. 2014. Longterm hydrological changes of the Aral Sea observed by satellites. Journal of Geophysical Research: Oceans, 119(6): 3313 - 3326.

Shu S, Yu B, Wu J, et al. 2011. Methods for deriving urban built-up area using night-light data: Assessment and application. Remote Sensing Technology & Application, 26(2): 169 - 176.

Simpson J J, Stitt J R. 1998. A procedure for the detection and removal of cloud shadow from AVHRR data over land. IEEE Transactions on Geoscience and Remote Sensing, 36(3): 880 - 897.

Small C. 2001a. Estimation of urban vegetation abundance by spectral mixture analysis. International Journal of Remote Sensing, 22(7): 1305 - 1334.

Small C. 2001b. Multiresolution analysis of urban reflectance//Remote Sensing and Data Fusion over Urban Areas, IEEE/ISPRS Joint Workshop: 15 - 19.

Small C. 2002. Multitemporal analysis of urban reflectance. Remote Sensing of Environment, 81 (2 - 3): 427 - 442.

Small C. 2003. High spatial resolution spectral mixture analysis of urban reflectance. Remote Sensing of Environment, 88(1 - 2): 170 - 186.

Small C. 2004. The Landsat ETM+ spectral mixing space. Remote Sensing of Environment, 93 (1 - 2): 1 - 17.

Small C. 2005. A global analysis of urban reflectance. International Journal of Remote Sensing, 26(4): 661 - 681.

Small C. 2006. Comparative analysis of urban reflectance and surface temperature. Remote Sensing of Environment, 104(2): 168 - 189.

Small C. 2012. Spatiotemporal dimensionality and Time-Space characterization of multitemporal imagery. Remote Sensing of Environment, 124(6): 793 – 809.

Small C, Elvidge C D. 2011. Mapping decadal change in anthropogenic night light. Procedia Environmental Sciences, 7(655): 353 – 358.

Small C, Lu J W T. 2006. Estimation and vicarious validation of urban vegetation abundance by spectral mixture analysis. Remote Sensing of Environment, 100(4): 441 – 456.

Small C, Milesi C. 2013. Multi-scale standardized spectral mixture models. Remote Sensing of Environment, 136(5): 442 – 454.

Small C, Miller R B. 1999. Monitoring the urban environment from space. The International Symposium on Digital Earth. Beijing: Chinese Academy of Sciences.

Small C, Miller R B. 2000. Spatiotemporal monitoring of urban vegetation.// International Symposium on Remote Sensing of Environment, Cape Town.

Small C, Steckler M, Seeber L, et al. 2009. Spectroscopy of sediments in the Ganges-Brahmaputra delta: Spectral effects of moisture, grain size and lithology. Remote Sensing of Environment, 113(2): 342 – 361.

Sobrino J A, Jiménez-Muñoz J C, Paolini L. 2004. Land surface temperature retrieval from LANDSAT TM 5. Remote Sensing of Environment, 90(4): 434 – 440.

Song C, Huang B, Ke L. 2013. Modeling and analysis of lake water storage changes on the Tibetan Plateau using multi-mission satellite data. Remote Sensing of Environment, 135(4): 25 – 35.

Stone B. 2009. Land use as climate change mitigation. Environmental Science & Technology, 43 (24): 9052 – 9056.

Streutker D R. 2002. A remote sensing study of the urban heat island of Houston, Texas. International Journal of Remote Sensing, 23(13): 2595 – 2608.

Su S, Zhi J, Lou L, et al. 2011. Spatio-temporal patterns and source apportionment of pollution in Qiantang River (China) using neural-based modeling and multivariate statistical techniques. Physics and Chemistry of the Earth, Parts A/B/C, 36(9 – 11): 379 – 386.

Su X, Chen K, Lu B, et al. 2014. Qinghai Lake basin wetland landscape pattern changes and driving force analysis. Structure, 57(18): 84 – 86.

Su Y F, Foody G M, Cheng K S. 2012. Spatial non-stationarity in the relationships between land cover and surface temperature in an urban heat island and its impacts on thermally sensitive populations. Landscape and Urban Planning, 107(2): 172 – 180.

Sun R, Chen A, Chen L, et al. 2012. Cooling effects of wetlands in an urban region: The case of Beijing. Ecological Indicators, 20(9): 57 – 64.

Szreter S, Woolcock M. 2004. Health by association? Social capital, social theory, and the political economy of public health. International Journal of Epidemiology, 33(4): 650 – 667.

Takahashi K, Yoshida H, Tanaka Y, et al. 2004. Measurement of thermal environment in Kyoto city and its prediction by CFD simulation. Energy and Buildings, 36(8): 771 – 779.

Tanre D, Holben B N, Kaufman Y J. 1992. Atmospheric correction algorithm for NOAA – AVHRR products: Theory and application. IEEE Transactions on Geoscience and Remote Sensing, 30(2): 231 – 248.

Verbesselt J, Hyndman R, Newnham G, et al. 2010. Detecting trend and seasonal changes in satellite image time series. Remote Sensing of Environment, 114(1): 106 – 115.

Vlahov D, Galea S. 2002. Urbanization, urbanicity, and health. Journal of Urban Health, 79(1): S1—S12.

Vrijheid M. 2010. Health effects of residence near hazardous waste landfill sites: A review of epidemiologic literature. Environmental Health Perspectives, 108: 101.

Wan Z, Li Z L. 1997. A physics-based algorithm for retrieving land-surface emissivity and temperature from EOS/MODIS data. Geoscience and Remote Sensing, IEEE Transactions on, 35(4): 980 – 996.

Wang H, Ma M, Geng L. 2015. Monitoring the recent trend of aeolian desertification using Landsat TM and Landsat 8 imagery on the north-east Qinghai-Tibet Plateau in the Qinghai Lake basin. Natural Hazards, 79(3): 1753 – 1772.

Wang J, Sheng Y, Tong T S D. 2014. Monitoring decadal lake dynamics across the Yangtze Basin downstream of Three Gorges Dam. Remote Sensing of Environment, 152: 251 – 269.

Wang J, Tian J, Li X, et al. 2011. Evaluation of concordance between environment and economy in Qinghai Lake Watershed, Qinghai-Tibet Plateau. Journal of Geographical Sciences, 21 (5): 949 – 960.

Wang X, Gong P, Zhao Y, et al. 2013. Water-level changes in China's large lakes determined from ICESat/GLAS data. Remote Sensing of Environment, 132: 131 – 144.

Wang X, Liao J, Zhang J, et al. 2014. A numeric study of regional climate change induced by urban expansion in the Pearl River Delta, China. Journal of Applied Meteorology and Climatology, 53(2): 346 – 362.

Wei Y L, Bao L J, Wu C C, et al. 2015. Assessing the effects of urbanization on the environment with soil legacy and current-use insecticides: A case study in the Pearl River Delta, China. Science of the Total Environment, 514: 409.

Weng Q. 2001. A remote sensing? GIS evaluation of urban expansion and its impact on surface temperature in the Zhujiang Delta, China. International Journal of Remote Sensing, 22(10): 1999 – 2014.

Weng Q. 2008. Remote Sensing of Impervious Surface. Boca Raton: CRS Press.

Weng Q. 2009. Thermal infrared remote sensing for urban climate and environmental studies: Methods, applications, and trends. ISPRS Journal of Photogrammetry and Remote Sensing, 64(4): 335 – 344.

Weng Q, Fu P, Gao F. 2014. Generating daily land surface temperature at Landsat resolution by fusing Landsat and MODIS data. Remote Sensing of Environment, 145(8): 55 – 67.

Weng Q, Lu D, Schubring J. 2004. Estimation of land surface temperature-vegetation abundance relationship for urban heat island studies. Remote Sensing of Environment, 89 (4): 467 – 483.

Wilson J S, Clay M, Martin E, et al. 2003. Evaluating environmental influences of zoning in urban ecosystems with remote sensing. Remote Sensing of Environment, 86(3): 303 – 321.

Wolch J R, Byrne J, Newell J P. 2014. Urban green space, public health, and environmental justice: The challenge of making cities "just green enough". Landscape and Urban Planning, 125: 234 – 244.

Wu C. 2004. Normalized spectral mixture analysis for monitoring urban composition using ETM+ imagery. Remote Sensing of Environment, 93(4): 480 – 492.

Wu C, Murray A T. 2003. Estimating impervious surface distribution by spectral mixture analysis. Remote Sensing of Environment, 84(4): 493 – 505.

Wu K Y, Zhang H. 2012. Land use dynamics, built-up land expansion patterns, and driving forces analysis of the fast-growing Hangzhou metropolitan area, eastern China (1978 – 2008). Applied Geography, 34(5): 137 – 145.

Xian G, Crane M. 2006. An analysis of urban thermal characteristics and associated land cover in Tampa Bay and Las Vegas using Landsat satellite data. Remote Sensing of Environment, 104(2): 147 – 156.

Xiao R, Su S, Wang J, et al. 2013. Local spatial modeling of paddy soil landscape patterns in response to urbanization across the urban agglomeration around Hangzhou Bay, China. Applied Geography, 39(1): 158 – 171.

Xu H. 2006. Modification of normalised difference water index (NDWI) to enhance open water features in remotely sensed imagery. International Journal of Remote Sensing, 27(14): 3025 – 3033.

Xu H Y, Li X Y, Sun Y. 2007. Climatic change in the Lake Qinghai watershed in recent 47 years. Arid Meteorology, 25(2): 50 – 54.

Yan L, Zheng M. 2015. The response of lake variations to climate change in the past forty years: A case study of the northeastern Tibetan Plateau and adjacent areas, China. Quaternary International, 371: 31 – 48.

Yang Y, Liu Y, Zhou M, et al. 2015. Landsat 8 OLI image based terrestrial water extraction from heterogeneous backgrounds using a reflectance homogenization approach. Remote Sensing of Environment, 171: 14 – 32.

Yin F, Deng X, Jin Q, et al. 2014. The impacts of climate change and human activities on grassland productivity in Qinghai Province, China. Frontiers of Earth Science, 8(1): 93 – 103.

Yip W, Subramanian S, Mitchell A D, et al. 2007. Does social capital enhance health and well-being? Evidence from rural China. Social science & medicine, 64(1): 35 – 49.

Zhang G, Xie H, Kang S, et al. 2011. Monitoring lake level changes on the Tibetan Plateau using ICESat altimetry data (2003 – 2009). Remote Sensing of Environment, 115(7): 1733 – 1742.

Zhang H, Qi Z F, Ye X Y, et al. 2013. Analysis of land use/land cover change, population shift, and their effects on spatiotemporal patterns of urban heat islands in metropolitan Shanghai, China. Applied Geography, 44: 121 – 133.

Zhang K H, Shunfeng S. 2003. Rural-urban migration and urbanization in China: Evidence from time-series and cross-section analyses. China Economic Review, 14: 386 – 400.

Zhang L, Shi H. 2004. Local modeling of tree growth by geographically weighted regression. Forest Science, 50(2): 225 – 244.

Zhang S Y, Li X Y, Zhao G Q, et al. 2016. Surface energy fluxes and controls of evapotranspiration in three alpine ecosystems of Qinghai Lake watershed, NE Qinghai-Tibet Plateau. Ecohydrology, 9(2): 267 – 279.

Zhang Y, Chen Y, Ding Q, et al. 2012. Study on urban heat island effect based on normalized difference vegetated index: A case study of wuhan city. Procedia Environmental Sciences, 13(3): 574 – 581.

Zhang Y J, Liu Z, Zhang H, et al. 2014. The impact of economic growth, industrial structure and urbanization on carbon emission intensity in China. Natural Hazards, 73(2): 579 – 595.

Zhang Z, Su S, Xiao R, et al. 2013. Identifying determinants of urban growth from a multi-scale perspective: A case study of the urban agglomeration around Hangzhou Bay, China. Applied Geography, 45(45): 193 – 202.

Zhao L, Lee X, Smith R B, et al. 2014. Strong contributions of local background climate to urban heat islands. Nature, 511(7508): 216 – 219.

Zhao Z. 2006. Income inequality, unequal health care access, and mortality in China. Population and Development Review, 32(3): 461 – 483.

Zhou J, Chen Y, Wang J, et al. 2011. Maximum nighttime urban heat island (UHI) intensity simulation by integrating remotely sensed data and meteorological observations. IEEE Journal of Selected Topics in Applied Earth Observations and Remote Sensing, 4(1): 138 – 146.

Zhu W, Jia S, Lv A. 2014. Monitoring the fluctuation of Lake Qinghai using multi-source remote sensing data. Remote Sensing, 6(11): 10457 – 10482.

Zhu Z, Woodcock C E. 2012. Object-based cloud and cloud shadow detection in Landsat imagery. Remote Sensing of Environment, 118(6): 83 – 94.

Ziska L H, Gebhard D E, Frenz D A, et al. 2003. Cities as harbingers of climate change: Common ragweed, urbanization, and public health. Journal of Allergy and Clinical Immunology, 111(2): 290 – 295.